技术与权力

[加] 泰勒·欧文（Taylor Owen） 著
孟彦莉 刘涛 刘淑华 译

数字时代的国家危机

DISRUPTIVE POWER

The Crisis of the State in the Digital Age

中信出版集团 | 北京

图书在版编目（CIP）数据

技术与权力 /（加）泰勒 · 欧文著；孟彦莉，刘涛，
刘淑华译 . -- 北京：中信出版社，2023.12

书名原文：Disruptive Power: The Crisis of the
State in the Digital Age

ISBN 978-7-5217-5233-5

Ⅰ . ①技… Ⅱ . ①泰… ②孟… ③刘… ④刘… Ⅲ .
①数字技术－影响－研究 Ⅳ . ① TP3

中国国家版本馆 CIP 数据核字（2023）第 049661 号

技术与权力
著者：　[加] 泰勒 · 欧文
译者：　孟彦莉　刘涛　刘淑华
出版发行：中信出版集团股份有限公司
（北京市朝阳区东三环北路 27 号嘉铭中心　邮编　100020）
承印者：　北京盛通印刷股份有限公司

开本：880mm×1230mm　1/32　印张：7.25　字数：152 千字
版次：2023 年 12 月第 1 版　印次：2023 年 12 月第 1 次印刷
京权图字：01–2020–2083　书号：ISBN 978–7–5217–5233–5
定价：59.00 元

服务热线：400–600–8099
投稿邮箱：author@citicpub.com

谨以此书献给阿里尔和沃尔特

目　录

第一章

失　控

信息就是权力。但就像所有的权力一样，有些人想把它据为己有。

——亚伦·斯沃茨

2012年1月，美国联邦调查局、伦敦警察厅，以及意大利、法国、荷兰、丹麦和瑞典的情报机构共同成立了一个特别工作组，其目标是打击黑客组织“匿名者”。这些国家认为激进的黑客团体及其众多分支对国家安全构成了威胁。

“匿名者”被定义为一个互联网集会，其指挥架构松散，成员依据信念而非指令来行动[1]——2008年“科学教”要求视频网站优兔撤下对好莱坞巨星汤姆·克鲁斯的采访视频，“匿名者”对“科学教”网站发动了攻击，从此声名鹊起。“匿名者”认为，撤下该视频是一种审查行为，“科学教”无权这样做，并表示要把“科学教”从互联网上完全清除出去，“通过反洗脑把人们从‘科学教’中拯救出来”。从那时起，该组织以“匿名者”的名义，发起了数百次数字行动，这些行动的规模和频率各不相同。目前，该组织已介入美国和世界各地的政治冲突。

2011 年 11 月，在加州大学圣迭戈分校的一场反对削减预算和学费上涨的“占据”集会上，有人拍摄到一名防暴警察向一名和平抗议者喷射胡椒喷雾剂的视频。当这段视频在优兔网站上疯狂传播时，“匿名者”曝光了这名警察的姓名、住址、电话号码和电子邮件地址。该警察收到了 17 000 多封威胁邮件、10 000 多条短信，还有几百封信件。此外，为反对亚利桑那州 1070 号法案（一项被广泛认为具有种族主义色彩的反移民法案）的通过，该组织对亚利桑那州公共安全部门的官员也采取了同样的行动。这次攻击是更大规模的“反安全”运动的一部分，“匿名者”以网络审查和种族定性为由，攻击了许多西方政府部门。

“阿拉伯之春”期间，“匿名者”为突尼斯、埃及和利比亚的反政府抗议者提供支持，侵入政府网站，通过分布式拒绝服务攻击关闭网站，并公开曝光了政府官员的姓名、电子邮件地址和密码。2011 年 12 月，“匿名者”以揭露企业和政府腐败的名义，侵入美国情报咨询机构斯特拉福战略预测公司，窃取了 270 万封企业电子邮件及其他数据，这些邮件详细描述了现任和前任政府官员经常涉及的敏感对话，还包含数千条非公开信息。

虽然这些行动有许多共同目标，并使用了相似的黑客攻击手段，但很难确定其是否为“匿名者”所为。“匿名者”没有固定的领导，并且不从属于任何国家。其成员松散地协同合作，然后把他们的行动归于“匿名者”所为。正如参与“匿名者”行动的一名黑客告诉巴尔的摩记者的那样，“我们有大家一致同意的议程，我们彼此协调，独立行动，不需要任何机构认可。我们只是想做一些我们认为重要的事情”。[2]

在撰写本书时，对“匿名者”进行恰当的描述确实是一项具有挑战性的任务。许多情报机构，尤其是像美国联邦调查局这样的机构，都打击过那些被认为对本国造成威胁的政党、组织等，其中包括“基地”组织。“匿名者”无组织的结构、授权方式和攻击手段势必引起这些情报机构更大的担忧。美国创建互联网时，曾把它当作一个国防研究项目，现在认为网络空间是一个与陆地、海洋、领空和外太空同等重要的“领域”或潜在的战场。因此，“匿名者”和其他参与网络攻击的组织均被视为需要被控制的行为者。但“匿名者”的运作方式与其他政治或军事行为者不同。“匿名者”没有使用国际公认的抗议方式——政治游行、请愿、暴力活动等来实现其目标。

“匿名者”不需要使用国际公认的抗议方式。在过去10年里，数字技术的快速发展让个人和专业团体能够做一些以前只有政府机构和建立在类似自上而下的官僚模式之上的私人组织才能做的事情。2012年，哈佛大学伯克曼互联网和社会中心的约凯·本克勒教授在《外交事务》中写道：“‘匿名者’展示了网络化民主社会中权力的一个新的核心方面，与10年前相比，现在个人的效力大大提高，更难接受传统权力的操纵、控制和压制。”[3]正如本章所探讨的，现在个体似乎可以在国际事务的各个领域做出威胁现有机构的事情，包括战争、外交、金融、国际报道和行动主义等方面。

在情报收集方面：2012 年 1 月 13 日，美国联邦调查局特工蒂莫西·劳斯特尔写信给特别小组成员，要求召开电话会议，“讨论正在进行的有关‘匿名者’‘鲁兹安全’‘反安全’运动以及其他相关分支组织的调查”[4]，来自爱尔兰奥法利郡的 19 岁少年唐查·奥瑟伯赫尔截获了他的电子邮件。第二天，奥瑟伯赫尔通过一种基于文本的信息传递系统——因特网中继聊天——向一名外号为“萨布”的知名“匿名者”激进分子求助。奥瑟伯赫尔写道：“我已经获取了电话会议的时间、电话号码和密码，我只是没有一个好的互联网协议电话设置来实际呼叫并记录它。”[5]

奥瑟伯赫尔得到了帮助。1 月 17 日，他录制了这次电话会议并把会议录音发给了萨布，但萨布并没有把录音上传到网上。2 月 3 日，一段音频被传到了视频网站优兔上，一个有名的“匿名者”关联推特账号 @AnonymousIRC 发文称：“美国联邦调查局的人可能会很好奇我们如何能够一直偷听他们有关反黑客行动的内部通信。”[6]

这种行为并非没有受到惩罚。奥瑟伯赫尔不知道萨布是美国联邦调查局的线人，他在美国联邦调查局的授意下进行黑客犯罪活动。美国政府逮捕了 5 名参与偷听电话会议的嫌疑人，其中包括奥瑟伯赫尔，并指控他们犯有电脑黑客阴谋罪、电脑黑客罪以及故意披露非法截获的有线通信内容罪。奥瑟伯赫尔最终被无罪释放。其他“匿名者”成员则被拘留，其中包括据称是该行动领导人的成员。尽管如此，该网络组织仍在继续发展壮大，并挑战国家的权威。

· · ·

在国际事务中，“无赖”一词适用于某些无视国际体系准则的国家，也适用于“基地”组织，该组织试图消灭中东和西方政府，恢复穆罕默德之后存在几个世纪的国际伊斯兰“哈里发国”。简而言之，无赖是指不受现有行为规范约束的行为者。例如，一个国家可以是好战的，甚至是暴力的，但是都应在国际法律和公认的行为准则范围内行事。各个国家都应以同样的方式来约束自己。当一个行为者被认为无法控制的时候，就会被贴上“无赖”的标签。

“匿名者”是无赖组织吗？约凯·本克勒认为，“匿名者”与“基地”组织不同，它“带来的是颠覆，而不是毁灭”。对网站的分散式阻断服务攻击并没有改变梵蒂冈在堕胎问题上的立场，也没有推翻巴林政府，但毁灭和颠覆之间的界限在很大程度上是主观判断。正如网络犯罪作家理查德·鲍尔斯所观察到的，“匿名者”正在“攻击整体权力结构”，即过去一个世纪发展起来的国际经济和政治体系。[7]就像许多在线创新的个人和组织一样，“匿名者”打破了自第二次世界大战结束以来维持权力平衡的制度、界限和类别。民族国家损失最大，因为过去它们一直通过如今正在被颠覆的机构来维持其统治。鉴于这一点，政府的担忧无可厚非。

不管是不是无赖，“匿名者”都不是一种反常现象，阻止其领导人活动并不能阻止该组织或其他类似组织的发展。“匿名者”是一种新型数字权力的早期典例，在国际事务等领域，这种权力正在颠覆一系列曾经强大的21世纪管理机构。

尽管“颠覆”一词听起来像是陈词滥调，但它已经成为硅谷常见的时髦用语之一。人们很难找到一家不把自己描述为拥有颠覆性技术的初创公司，也很难找到一位不愿与现有企业较量的公司创始人。颠覆的概念也代表了一种深深扎根于技术领域的自由主义，这是一种广泛存在的思想，它远远超出了“技术可以参与社会问题”的准则，而相信自由市场的技术－创业精神不应该受国家阻碍。从某种意义上说，“匿名者”是新技术精英中最具教条主义的思想体现。它代表了无政府主义的思想——从私营部门的大规模在线开放课程让更多人从高等教育中受益这种比较温和的想法，到市场不受税收和监管的阻碍以及离岸岛屿不受国家控制这种更为激进的观点，其思想内容包罗万象。一方面希望技术可以使我们的社会和治理系统更加有效，另一方面却想要“纵火烧房”。

“颠覆”的概念根植于哈佛商学院工商管理教授克莱顿·克里斯坦森的研究。他最初的兴趣点在于为什么平淡无奇的技术，比如晶体管收音机，会让像索尼这样的新兴企业从美国无线电公司和真力时这样的老牌公司手中接管市场，而这两家公司都拥有完善的生产线和庞大的市场。“这样的公司在留住现有客户所必需的技术上积极投资并取得了成功，但却无法对未来客户所需的某些技术进行投资，这是为什么呢？”克里斯坦森在与同事约瑟夫·鲍尔合著发表于1995年《哈佛商业评论》上的一篇文章中问道。[8] 两位作者认为，老牌公司在开发满足老客户需求的新技术方面走在了前面，但它们无法超越使它们成功的世界观。这个盲点让新公司得以在边缘地带进行创新。颠覆性技术首先会找到一群利基受众，一旦其价值得到证实，它们就会扩大市场，击垮老牌企业。简而言之，具有根深蒂固的实践经验、利益和消费者且等级严密的机构不善于预测和迎合新市场，因此容易受到灵活的创新者的挑战。

克里斯坦森撰写的第一本书是《创新者的窘境》，自此笔耕不辍，创作了一系列有影响力的书籍，这些书籍通过颠覆理论的视角审视了许多行业，包括航空公司、钢铁厂和新闻业。[9] 他还将颠覆理论应用于公共部门。在发表于 2006 年的一篇文章中，克里斯坦森及其合著者认为，在美国，政府将太多的社会支出用于维持现状，而非用于扶持力度不够的群体。他们写道："催化式创新将通过向被服务不周的客户群提供操作更简单、质量足够好的替代产品来挑战行业现有从业者。"[10]

政府也承担着与老牌公司一样的所有负担：那些导致冷漠、浪费、低效和缺乏创新的制度化结构和规范。但其目的与公司不同，公司的使命是为股东实现价值最大化。在资本主义模式下，我们希望私营部门的集体效应在一定程度上使每个人都受益。然而，公共部门的职责本身就是服务每一个人。颠覆理论解释的是机构创新失败的原因及其倒闭的风险，而不是这种失败的社会后果。柯达公司的失业者，或倒闭的钢铁厂所在的城镇，这些都不是商业理论的核心焦点，却恰恰是国家所要解决的问题。

颠覆性创新——从“匿名者”到加密数字货币（例如比特币），再到自然灾害的基层测绘——正在挑战国际体系的许多核心功能，这些功能曾一度由国家和国际机构控制。当然，不同之处在于，国家不会那么轻易放手，而颠覆代价也非常高昂。外交部或国防部也受到克里斯坦森所描述的同样的制度约束，但它不能创造性地自毁。即便它可以自毁，风险也是巨大的，因为颠覆性创新可能标志着终结长达几个世纪的国家治理模式。尽管技术无政府主义者和加密无政府主义者有种种幻想，但颠覆的影响将是巨大的。因此，风险很大，国家传统权力的各个方面都从根本上受到了威胁。

就目前而言，颠覆性创新带来的挑战并不意味着国家的终结，但它确实表明国家日渐衰落，在旧技术中形成的法律、伦理、行为规范和等级结构都已成为桎梏。换言之，国家正在失去其作为集体行动卓越机制的地位。过去，国家在塑造大众行为的能力上有实际垄断地位。但现在情况不同了，在数字技术的支持下，颠覆性创新者能够影响大众行为，不受围绕国家行动而产生的许多社会因素的约束。颠覆理论视这些约束为弱点，而从历史上来看它们却是民主社会的优势：它们让政府承担责任，并确保政府在法治及普遍的道德与伦理规范的范围内运作。当然，人们在这一框架下取得了不同程度的成功，但通过机构化治理来实现集体表征这一理念是现代民主社会与无政府状态的区别。

在国际关系中，颠覆性创新是什么样子的？现代国家仍然拥有巨大的权力，它是如何抵制颠覆的？

· · ·

人们普遍认为，发生在突尼斯、利比亚和埃及的“阿拉伯之春”运动，部分得益于数字技术和社交媒体的使用，尽管这种说法有夸大其词的成分。抗议者、传统媒体和公民记者都利用基于互联网的技术组织活动，协调运作，并向全世界转播其活动。

虽然当时不够明晰，但现在显而易见的是，他们所抗议的独裁政权拥有数字设备，可以进行反击。埃及前总统胡斯尼·穆巴拉克曾试图关闭互联网，事实也证明巴林善于监控和审查其公民。然而这种数字技术能力在叙利亚表现得最为明显。在总统巴沙尔·阿萨德领导下，叙利亚几乎完全控制了其公民的通信权利。在国家层面，国有的叙利亚电信公司审查和过滤通信，以镇压抗议者、活动人士，以及主要的反叛组织“叙利亚自由军”。在政府采取措施的同时，一个自称“叙利亚电子军”的黑客组织在叙利亚和全球范围内支持阿萨德。例如，黑客侵入了美联社的推特账号，并声称白宫遭到了轰炸，导致标准普尔500指数下跌，市值蒸发了1 365亿美元。政府及其黑客同盟都使用先进的技术来追踪和打击反对政府的抗议者。

一个专制政权及其支持者从哪里获取这样的技术？以叙利亚为例，阿萨德政权获得了加州蓝衣系统公司制造的设备。多伦多大学一个名为“公民实验室”的研究中心从这些设备中获取了一组日志文件后发现了两者之间的联系。(起初加州蓝衣系统公司予以否认，后来承认其设备在叙利亚使用，但否认该公司直接将设备卖给叙利亚政府，这违反了美国的行政命令：禁止向伊朗和叙利亚转让有助于计算机或网络颠覆、监控或者跟踪的技术)。“公民实验室”后来披露，还有20多个国家，比如埃及、沙特阿拉伯、阿富汗、巴林、伊拉克、尼日利亚和委内瑞拉等，也使用加州蓝衣系统公司设备来审查或监控互联网活动。[11] 美国政府也是加州蓝衣系统公司的客户，曾使用其设备来阻止五角大楼在国防部计算机上访问支持同性恋权利的网站。[12]

加州蓝衣系统公司并不是唯一一家为政权提供监控服务的西方公司。在埃及的谷歌工程师发现一个名为伽玛国际的数字安全软件公司向穆巴拉克政权提交了价值25万欧元的技术合同建议书，该技术将“使其能够拦截持不同政见者的电子邮件、录制音频和视频聊天，并获取计算机硬盘的副本”。[13] 伽玛国际和FinSpy等备受关注的科技公司向埃及、突尼斯、利比亚、巴林和叙利亚的政权提供了监控服务。“维基解密”和英国非政府组织“隐私国际”的一项行动披露了287份文件，文件显示：监控公司，比如法国军火商Amesys公司，向利比亚的卡扎菲出售间谍软件和恶意软件。[14] Narus公司是一家总部位于美国的波音公司子公司，它向埃及出售了监控设备。Trovicor公司是一家德国公司，它也向十几个中东和北非国家出售了监控设备。[15]

在每年5次的智能支持系统贸易展(也称窃听者舞会)上，

数以百计的供应商聚集在布拉格、迪拜、巴西利亚、华盛顿和吉隆坡，销售价值超过 50 亿美元的跟踪、审查、监控和间谍技术。[16] 这些展会吸引了武器和监控行业、蓝筹股公司以及政府官员。2012 年的展会有来自 110 个国家的 2 700 多名代表参加，其中包括阿富汗、白俄罗斯和苏丹等。[17] 杰里·卢卡斯是窃听者舞会的负责人，当他被问及是否乐于看到津巴布韦和朝鲜在展会上购买技术时，他告诉《卫报》："决定哪个是好国家、哪个是坏国家不是我的工作。有些国家是否用这种技术压制政治言论？是的，我想说确实如此。但是哪个供应商敢说这项技术只用于你们认为不太好的方面，而没有用在好的方面呢？"[18]

· · ·

并非只有杰里·卢卡斯认为专制政权使用这种技术监控公民。事实上，在阿萨德政权监控持不同政见者的同时，美国国务院也在制订一个雄心勃勃的计划，用监控 – 规避技术"武装"反对派成员。

在 2009—2010 年伊朗"绿色革命"抗议活动中，"互联网自由"的概念在华盛顿成了一个流行词。"阿拉伯之春"运动爆发时，美国国务院已准备好帮助持不同政见者开发并提供新的数字工具。通过一项 5 700 万美元的国会拨款，美国国务院开发了一些项目来培训和提供装备，帮助该地区的盟友使用匿名工具和规避工具，[19] 并且把它作为其更广泛的 21 世纪治国方略计划的一部分。

其中一个项目叫作“手提箱中的互联网”，它利用手机和无线网络路由器创建分布式网络，来实现安全通信。在2012年互联网中断期间，阿萨德有效地关闭了所有手机和互联网活动，给反对派成员分发了大约2 000套这种网络工具。[20]美国前国务卿约翰·克里说：“美国不仅提供人道主义援助，还提供包括通信设备在内的其他援助，用来帮助激进分子组织活动，避开叙利亚政权的攻击，并与外部世界保持联系。”[21]

这意味着美国国务院正在为某些政府的持不同政见者提供规避工具（美国联邦调查局将这种技术列为“恐怖活动的标志”），而这些持不同政见者则是政府攻击的目标（这些政府已配备联合国制造的数字监视工具）。萨沙·迈恩拉特是“手提箱中的互联网”项目的领导者，正如他所说，“很多这样的技术可以用于伟大的事业，但它们也是浮士德式交易”。[22]

现在，各国都发现自己处于一种复杂的境地——它们既是颠覆行为者的推动者，也是颠覆行为者的目标。这完美地展现了互联网上权力、推动作用和控制的复杂性。这种浮士德式交易体现了一种新的军备竞赛，这是通过自由、安全的通信而获得权力的人与想要监控和限制这种通信的政府之间的竞赛。同时也告诉我们一些信息，即国家如何看待数字技术的能力和被这些数字技术能力赋权的人，以及如何对其做出日益频繁的反应。

直到2013年夏天，这种紧张关系一直是本书研究的重点。我猜想，数字技术正在使非传统的国际行为者有能力与国家和大型机构较量，并在某些重要方面取代它们，这些方式既充满机遇，也会从根本上破坏现有的国际秩序。各国已经注意到这一点，并开始了一场微妙的游戏：支持，甚至在某些情况下资助它们认为有益的颠覆行为（如经济创新），但同时又严厉打击它们认为会带来威胁的颠覆行为（如“匿名者”、恐怖主义通信、黑市）。

我当时不了解，但现在知道的是，在“9·11”恐怖袭击事件之后[23]，西方政府是如此关注数字赋权的人们的能力，以至于它们要颠覆这些数字化的力量，并夺回对通信的控制权。我们现在已经了解了国家所面临的真正威胁，以及它们有多么乐于控制它们认为是罪恶行为者的个人和团体。因此，本书也是对西方国家如何使用技术以及国家与公民之间数字军备竞赛后果的研究。

当住在美国夏威夷的国防承包商爱德华·斯诺登泄露大量有关美国国家安全局监视项目的详细文件后，整个世界都为美国国家安全局监视项目的广度和胆大妄为感到震惊。斯诺登提供的数据解释了美国和其他西方国家如何试图尽可能多地控制全球通信系统。“收集一切，处理一切，利用一切，联合一切，探测一切，知晓一切。”[24]英国政府通信总部的一份类似文件将一个卫星通信监控项目描述为“收集一切的概念验证系统”。美国国家安全局在给日本的一份备忘录中吹嘘说，新的能力“让我们的事业离收集一切又近了一步”。[25]

国家监控的基本军事原理是人们认为可以通过态势感知来控制战场。一个人知道得越多，就越能控制结果。然而，数字全知是很难实现的，它最终可能破坏一个技术系统——互联网，而自相矛盾的是，这个系统是广泛的个人自由、个人表达和个人赋权的来源。

为了让国家“收集一切”“知晓一切”，首先，必须使普遍监控正常化。由于“基地”组织与颠覆性创新者有许多共同特征，“9·11”恐怖袭击事件为西方国家提供了通过全面安全立法的借口。国家对全知的欲望当然不是最近才出现的，但现在我们知道在几天内起草完成并在只有一个人反对的情况下被国会通过的《爱国者法案》，使得部署规模庞大的全球监控基础设施成为可能。正如记者奎因·诺顿指出的那样，安全机构可能会屈服于偏执和自我保护：“对于一个资金雄厚的国防和情报机构而言，缺乏现存的威胁本身就是威胁。除了害怕，别无其他。”[26]

这在一定程度上是有原因的：“基地”组织构成了一种新的威胁。其组成部分是分散的，分布在世界各地，基于共同的理想，尽管它们以非常规的方式使用武器，但它们或以秘密的方式或在媒体上相互联系，相互推动。它们不是一支在传统战场上可以被击败的国家军队。事实证明，它们在技术上也很娴熟。有分析显示，在2014年夏天，它们通过开发加密工具来应对日益密切的国家监控。[27]

这种担忧的出现也伴随着文化、技术和经济的发展，产生了包含人类交流和移动在内的大量数据。谷歌的任务是组织世界上的信息，该项目正在迅速发展，包括机器人数据收集、卫星录像、无人机和人工智能的使用。脸书试图将世界上的每一个人联系起来，并在此过程中获得超过十亿人的详细社交和行为数据。同时，开发先进的面部识别技术，并向虚拟现实领域进军。

对于国家能够选择的这些目标，存在着一种被认为是良性的乌托邦主义。科技已经普及到让大多数人都可以使用联网设备，企业开发了依赖于从通信中挖掘数据的商业模式，而公众则自愿（如果不总是有意识地）交换个人数据以获得免费在线服务。对于一个想要了解一切、收集一切的政府来说，企业已经建立了基础设施，而公众已经填写了大部分数据。事实证明，同样的技术系统让人们有能力颠覆传统机构，成为国家监控的有效支柱。

当爱德华·斯诺登展示美国监控现状的范围、广度和胆大妄为时，不仅是在揭露一个他认为违宪或不道德的项目，他同时还提供了必要的数据，让人们了解美国政府是如何应对数字赋权行为者的挑战的。正如叙利亚政府选择使用数字网络作为控制域一样，美国政府正处于“9·11”恐怖袭击事件后的恐慌中，也决定对网络本身施压。正如斯诺登本人所说的，“这些项目从来不是关于恐怖主义的，它们是关于经济间谍、社会控制和外交操纵的，它们关乎权力”。

· · ·

数字技术已经使个人和团体能够做以前只有国家和大型机构才能做到的事情。正是这些削弱国家权力的趋势——国家也因此计划加以阻挠——才强化了一批能够促进个人权利和自由的新的行为者。但是，这些网络中的行为者并不会受到比传统国家体系中的行为者更多的道德约束。他们能以多种方式使用自己的权力，可能是利他的，也可能是恶意的。因此，他们的行动能力和网络技术所带来的新行动形式才是本书的主要焦点。

数字赋权只是其中的一部分。由于受到这种去中心化权力的威胁，而且惧怕邪恶行为者操控这种权力，因此国家正在进行反击。鉴于数字技术挑战了集中指挥和分级控制，国家正在寻求控制网络。但在试图限制数字赋权的过程中，各国可能最终会破坏网络带来的益处和自由。各国将不得不在寻求绝对控制和放弃部分权力之间做出选择，以保护新兴的体系。西方政府尤其面临着一个两难的境地，因为在网络世界中决定成功的因素正是政府机构所要阻止的因素。国家的能力渐渐与其目标不符。这种紧张局势是不可持续的。

我们将从三个部分探讨 21 世纪的外交政策挑战。第一部分从第二章开始，追溯了现代国家的发展：国家一开始是作为一种集中和行使权力的机制出现的，后来逐步演变出等级制度、官僚主义等。然而，在网络世界里，像“匿名者”这样的组织通过分权、协作和较强的适应性来行使权力。这种颠覆性力量威胁着自第二次世界大战结束以来一直维持权力平衡的机构。

第二部分将以挑战现有机构权力的方式，审视由数字技术推动的个人和团体。第三章以一群名为 Telecomix 的黑客为例，探讨了数字激进主义。Telecomix 国际黑客组织为“阿拉伯之春”

运动提供了技术支持。第四章调查了比特币的崛起以及加密数字货币对国家长期控制的国际金融体系的意义。第五章通过描述经验丰富的驻外战地记者玛丽·科尔文在叙利亚霍姆斯被炸身亡事件，以及叙利亚公民用来记录和实时向世界传送战况的新数字工具，审视了国际报道的演变。第六章着眼于协作测绘和卫星技术进步对人道主义和发展机构的影响。

第三部分侧重于国家对数字技术的使用及其对颠覆性行为者的反应。数字外交的新兴实践——通过社交媒体开展的公共外交以及更具侵略性的外交举措——是第七章探讨的主题。第八章着眼于计算能力和自动化的进步如何产生军事武器和监视工具，而这些武器和工具模糊了战场的边界以及国内和国际的界限。最后一章概述了共同威胁国家传统权力和控制机制的四项挑战，但这也可能为20世纪寻求适应形势的国际机构提供某些模式——如果它们在结构上有能力转型或进行有意义的改革的话。

数字化的行为者、团体和自组织网络正在创造新的组织形式，它们通常拥有不同的价值观，并与当前国际体系中机构的目标相冲突。有待观察的是，颠覆性力量的核心特征究竟是有利于问责、稳定和民主参与的原则，还是从根本上破坏这些原则。在同时赋权给民主主义者和独裁者的传统国家模式里，这并不是一种新的紧张局势。但对于国家和长期在国际体系中掌握权力的其他20世纪机构而言，这种局势日益成为一场危机。在一场潜在的长期斗争开始之际，各国将不得不在寻求绝对控制和放弃一些权力之间做出选择，以维护并有望加强这一新兴体系。

第二章

颠覆性力量

权力的现代史与国家的发展、利益和能力密不可分。国家积累的权力来源于它组织集体行动、规范企业和经济活动以及影响其他国家的能力。国家权力是等级化、制度化和结构化的。它还与控制信息和传播的能力有关。然而，当代对外交政策的讨论必须超越国家权力的界限，走进我们周围出现的模糊的网络化世界。

作为国际政治主要单位，民族国家的崛起离不开新的信息技术的发展。15 世纪发明的谷登堡印刷机，为中世纪解体的封建制度向更结构化的政治权力形式的转变铺平了道路。

印刷机除了让信息得以广泛传播，还塑造了信息的生产方式。为了传播信息，人们必须将其以线性的、固定的形式呈现。在原来分散的、口头分享知识的社会中，只有特权阶级才能得到书籍，具备读写能力，获取知识。而现在，信息可以集中、可控并大批量生产。随着交流和组织结构的权力逐渐集中，现代国家应运而生。这种社会转变在很大程度上决定了现在的时代。大约350年的治理、制度设计、政治演变、媒体和文化都是由人类与印刷文字的融洽关系决定的。

进入谷登堡印刷时代200年后，1648年签署的《威斯特伐利亚和约》结束了长达30年的战争，标志着现代民族国家体系的诞生。它的核心贡献是确立了依法统治的原则。主权、自决权、国家间法律平等、不干涉他国内政等原则成为国家的行为准则。国家的合法性第一次得到了国际认可。

该和约还建立了所谓的经典均势体系，在这个体系中，大国基本上被认为是平等的，而遏制战争使这个体系受到制约。政治学家阿伦·兰伯恩将这一体系的目标描述为“通过防止任何一个国家的军事力量强大到可以支配其他国家，来保持关键国家的独立”。[1]

在《威斯特伐利亚和约》签署之前的一个世纪，政治哲学家一直在探索权力和社会组织的本质，研究领土国家可能与其公民及其他国家达成的协议。他们还著书立说，广泛传播自己的思想。

马基雅维利和霍布斯分别在《君主论》和《利维坦》中阐述了自己的观点，他们都认为，国家通过保护公民的安全和为公民谋求福祉来获得权力和合法性。他们还提出，如果国家间的权力和独立得到相互承认，那么战争爆发的可能性就可以降至最低。

虽然国家地位有多种定义，但普遍使用的定义来自马克斯·韦伯的观点，他将国家定义为“在给定的领土内（成功地）拥有合法使用武力的垄断权的人类社群”[2]。国家地位的基本概念意味着，一个合法的国家可以使用武力对抗或支持其公民，而不必承担法律后果。

历史学家对国家持有两种不同的观点：契约主义的观点和掠夺性的观点。政治哲学家，比如霍布斯、卢梭和洛克持有契约主义的观点，即如果没有国家的存在（即处于“自然状态”），那么到处都会有无政府状态和混乱。根据霍布斯关于“人与人之间的战争”的思想，在这场战争中，生活是“孤独的、贫穷的、肮脏的、野蛮的且短暂的”，有必要拥有“让所有人都敬畏的一种共同力量”。[3]这促成了“社会契约”的建立，或在个体之间形成了不成文的协议，他们授权给国家并遵循对彼此的权利和责任：“在历史的某个时刻，某些民族自发地、理性地、自愿地放弃了他们的主权，与其他社群联合起来，形成一个更大的、值得被称为国家的政治单位。”[4]

对国家地位更加现代的定义则侧重于将国家视为一个垄断暴力使用的组织结构。契约主义的观点认为国家存在的根源在于个人之间的冲突，而掠夺性的观点则与之不同，它关注的是国家与公民之间的冲突。在掠夺性的观点中，国家利用其使用暴力的相对优势，在公民身上强制实施法律和规则。这一观点与社会学家查尔斯·蒂利的“国家就是有组织地犯罪”的概念密切相关。在这个概念中，精英和领导者齐心协力，通过获取税收并对公民实施强权来维持现状。这种观点认为，国家的统治者是以自我为中心的、权力最大化的、理性的行为者，他们关心自己的生存，从而削弱任何可能对其权力垄断构成威胁的东西。蒂利认为，国家是“相对集中的、分化的组织，其官员或多或少成功地掌控了主要的、集中的暴力手段，可以控制居住在大片毗邻领土上的人口”。[5]经济学家道格拉斯·诺斯更直接地阐明：“国家是一个在暴力使用上具有相对优势的组织，它向选民征税的权力决定了其地理疆域的延伸。”[6]

在掠夺性的观点中，对暴力使用的控制权至关重要，但契约主义和掠夺性的观点都与国家控制人民的权力有关。从内部来说，国家通过与公民签订社会契约来彰显其权力，从而被认为是合法地提供公益服务。在外部，国家通过使用暴力或暴力威胁来维护权力。这两种形式的控制从本质上说都关乎权力。

国家的权力衰落了吗？ 20世纪见证了制度化和全球化国家的崛起，在很多方面也意味着传统帝国和君主统治的终结，而传统帝国和君主统治都是之前几个世纪国家的主要特征。世界强国发动了两次世界大战，来定义这个新的全球体系。第一次世界大战从根本上扭转了欧洲和美国之间的经济关系。尽管英国和法国之前一直是世界的债权国，但第一次世界大战结束后它们却欠了美国的债务，成为债务国。战争结束后，国际联盟成立，其目标是为国家体系带来秩序和控制。虽然它最终没有强制实施的有效手段，也无法阻止第二次世界大战的爆发，但它的确为联合国的成立奠定了基础。

第二次世界大战之后，再次出现了更多的国际制度化，其目标是降低国家权力的成本。世界领导者质疑国家的合法性，呼吁人权和正义的普遍原则。这促成了联合国的成立，用来防止大国之间另一场战争的爆发。也许最重要的转变，也是赋予国家新的权力的转变，是《布雷顿森林协定》中金融机构的建立。其为全球经济创立了一个以国家为中心，尤其以美国为中心的资本主义自由市场体系，建立了固定汇率制和金本位制度。国际货币制度的管理权交由国际货币基金组织负责。国际贸易组织（后来为关税及贸易总协定）促进了国家之间自由贸易体系的发展。

两次世界大战之后创建的全球架构几乎是最强有力的国家权力的声明，随之而来的是以美国及其经济模式为中心的国际体系的建立。这些以国家为基础创立的机构，除了要巩固现有的权力，还要解决世界上的许多问题。

事实证明，对民族国家来说，向跨国机构的转变是一把双刃剑。布雷顿森林体系中的机构在实现国际贸易自由化的同时不可避免地导致了全球化，而全球化正在破坏国家控制的传统核心要素，比如治理、人口和领土主权。无论是互联网超越地理界限的能力，还是跨国公司的崛起超脱了单个国家的控制，都使各国政府受到了新权力体系的挑战。[7]在《全球化与反全球化》一书中，戴维·赫尔德和安东尼·麦克格鲁认为，我们正进入一个后威斯特伐利亚体系，其特征是以一种微妙的方式对国家主权日渐生疑。新的组织和机构正在行使曾经只属于国家的权力。[8]

著名的国际关系学者约瑟夫·奈和罗伯特·基欧汉对这种看法进行了反驳。[9]他们认为，此类分析的问题在于，它们低估了国家的权力，而国家的权力适应性更强，依然能赢得绝大多数公民的忠诚。正如奈和基欧汉所说，这些研究现代性的权威人士“未能分析出掌权者如何运用权力来塑造或扭曲跨越国界的相互依存模式”。

他们认为，被严重忽视的问题是“新世界如何与传统世界重叠并依赖于传统世界，因为在传统世界中权力依赖于基于地理位置的机构”。他们把由此产生的局面称为“复杂的相互依赖”，在这种局面中行为者依据其利益性质产生多种关系，而每一种关系都由一些规范、价值观和共享的文化所支配。他们认为，这种新的生态系统并没有取代国家权力，因为“信息不是在真空中流动，而是在已经被占领的政治空间中流动”。这一点当然确定无疑，但这并不能否认权力确实在转移，国家权力可能正在被削弱。

他们也没有解释国家权力行使方式的转变，而奈本人通过他的软实力理论对其进行了阐述。他认为，国家有两种主要的说服手段：直接军事镇压或经济胁迫，以及更微妙的拉拢和诱惑。在后一种手段中，国家通过宣扬自己的价值观，来让民众追求国家想要的东西。奈认为，这些价值观是通过广泛的非国家机构来宣传的，因此，他的软实力概念被视为将国家的授权范围扩大到了非传统领域。虽然他仍然认为国家是国际体系的主要行为者，但是软实力理论含蓄地提升了原来被排除在国际对话之外的其他许多团体和个人。

这些团体和个人会变得更加强大。在国际关系学者开始将国家角色的变化理论化时，一场信息技术革命正在进行。数字信息及其允许的诸多行为形式是不受束缚的。交流不再受限于线性的印刷或 20 世纪的等级制度，而是存在于流动的网络中。匿名和持续变化等新特性对此起到了推动作用。

在这个新的空间里正在出现什么形式的力量？学者们将以何种方式开始筹划这个由行为者和技术组成的新生态系统？网络权力理论可以回答这些问题。

· · ·

网络当然不是什么新鲜事物。波利尼西亚贸易路线、汉萨同盟、罗斯柴尔德银行、非洲会说话的鼓手都是非等级的节点网络。

但在国际关系的背景下思考这些问题似乎从来没有必要，因为到目前为止，国家权力始终等级森严并占据主导地位。更重要的是，信息技术的进步大大提高了网络的重要性。例如，公民团体过去只能组织一场临时抗议，但现在可以通过移动电话在社交网络上迅速、大规模地进行抗议。

著名的通信理论家曼纽尔·卡斯特尔通过多种方式开创了数字通信网络的社会和政策效应研究。他认为，与非数字网络相比，数字技术使不同形式的行为成为可能。[10]

按照这种观点，数字技术通过克服以往限制网络行为协调性、通信、规模、复杂性和速度等巨大挑战，增强了网络的力量。[11]

卡斯特尔认为，国家不再是拥有巨大权力的孤立行为者，其权力受其他强大节点、子网络和替代网络的挑战和影响。[12]除了挑战和影响国家行为，网络力量还促成了全球和地方层面上公民社会的再创造。尽管存在文化和社会的多样性，但是网络将不同的公民社会联系在了一起。在个人层面上也是如此，卡斯特尔看到了一种新型网络化个人主义形式。他描述了我们以个人为中心的文化与网络共存的愿望之间的融合。最终，在卡斯特尔看来，网络社会中，权力仍然是基本的结构力量。然而，权力并不存在于机构、国家或公司中。相反，它存在于网络本身。因此，这些网络中的行为，才值得我们去分析。

在最简单的形式中，网络是一组相互连接的节点（个人、团体、组织、国家等），允许共享思想、商品、价值观和其他资源。网络产生的关系模式会影响网络内外的人，因此网络的力量要么来自它的内部结构，要么来自它的结构所产生的能动作用。[13]

网络是其结构和参与其中的行为者之间的相互作用。社交网络中的节点可以作为个体成员、群体或组织进行分析，然而它们之间的联系会形成依赖关系和模式。或者换句话说，网络可以具有类似等级制度的可预测的甚至是决定性的结构。[14]

用计算机科学术语来说，网络中的节点之所以具有力量，是因为它们能以切断与其他节点的链接为威胁，从而在一定程度上影响其他节点的行为。[15]因此，它们能对其他节点可共享的信息设置条件和限制，以此来定义网络的性质。在这种结构中，强大节点的出现部分源于网络内交互的交易成本的降低。

网络内的行为者或许把网络视为一种协调行动或开展集体行动的手段，旨在改变国际事件结果和国家政策。然而，这些网络缺乏仲裁或解决争端的正式、合法的组织能力，没有等级制度，节点之间的联系松散，而且没有传统机构那样确切的边界，因此它们的行为具有不稳定性。

技术理论家克莱·舍基在他的著作《人人时代：无组织的组织力量》中阐述道，网络是人和群体的新的构成形式，在很多方面都位于等级机构的社会组织之外。对于舍基来说，“组织”这个词有多个含义：它指被组织的状态，也指进行组织的团体。典型的组织是等级分明的，有明确的指挥链，这意味着有特定的管理系统保护着这些组织的结构。这种等级组织之所以强大，是因为形成相互竞争的大型机构群体相对来说比较困难。然而，现在在网络上组建一个团体或联盟却相对容易。他认为：“群体是复杂的，这使得这些群体难以形成和维持。传统机构的形成在很大程度上是为了应对这些困难，而新的社交工具减轻了这些负担，允许新的群体形成，比如使用简单的共享来为新群体的创建建立基础。”[16]

约凯·本克勒认为，网络既是个人行为的集合，又是一种基础结构：“我们可以把个人视为多个交叉网络中不相关联的实体，但我们也可以把组织甚至技术组织形式（像‘维基解密’）看作与朱利安·阿桑奇相对立的运作实体。”因此，网络权力“描述了网络中的一个实体可以在多大程度上影响另一个实体的行为、结构或结果，以及它可以通过何种方式影响其他实体”。[17] 在本克勒看来，网络中的权力是指一个节点可以影响其他节点的行为、结果或结构的程度。与此相关，网络中的自由是指个人或实体能够决定自己行为的程度。

20 年前，只有主流媒体才能像“维基解密”那样，传播美国直升机袭击伊拉克记者的视频。当时，有效的传播依赖于数量有限的大型媒体渠道。而如今，“维基解密”在一系列镜像网站上发布了这段视频，并在数小时内迅速传播开来，确保了这段视频在各国政府做出回应之前就已在全球范围内广泛传播。在网络化社会中，可以通过新的渠道来行使权力。[18]

· · ·

政治学家、公共政策领袖安妮－玛丽·斯劳特通过阐述网络权力的概念，在将网络理论应用于国际领域方面产生了很大的影响。虽然她最终认为社会的所有主要元素都具有网络化的特征——战争（不同恐怖团体之间的组织）、外交（政府间合作）、商业（经济组织）、媒体（互动新闻）、社会关系（社交网络），但她将研究重点放在了国家在这些系统中的角色上。她的结论是，正如我们将看到的，最终“等级制度和控制会输给共享、协作和自组织”。[19] 即使在全球贸易高度制度化的世界里，网络也已成为市场的核心组织特征。全球的生产网络，而非民族国家，主宰着最活跃的经济结构体。[20] 网络对等级结构的存在和生存能力提出了挑战。

对于斯劳特来说，网络中的权力在于发挥软实力的能力：在网络中，权威是不能强制执行的——它需要通过爱戴和义务来获得。[21] 她认为，互联互通的力量不是源自强制实施某种结果，因为“对于网络，不应指导和控制，而是要管理和协调……多个参与者被整合成一个整体，这个整体大于部分之和”。[22] 相反，网络化的权力来自建立最大数量有价值的联系的能力，这些联系都朝着共同的政治、经济或社会目标而努力。

斯劳特认为，首先，全球网络从根本上挑战了威斯特伐利亚主权的概念，因为这些民族国家已经不像过去那样有效地行使权力了。正如政治学家罗伯特·基欧汉在 1993 年所说的："政府通过单独行动实现其目标的能力已经被国际政治和经济的相互依存所削弱，这已不足为奇。"斯劳特认为，这一点已经被网络化的行为者放大了。[23]

其次，威斯特伐利亚的绝对主权观念正在衰落。国家完全控制其领土和公民福利的观念，正受到诸多国际法律体制和准则的挑战，其中最引人注目的是"保护的责任"这个观念，即一个国家的主权取决于对其公民的保护。

考虑到这些限制条件，斯劳特认为有必要对主权设定一个不同的概念，该概念侧重于国家参与跨政府体制和国际机构的能力；这种主权概念与跨国界运作的"政府网络"及其行使的权力密不可分。

"负责任主权"的观念也源于主权演变的概念。斯劳特认为："'政府网络'的运作是新主权的最佳例证。由国家政府官员组成的各种各样的'政府网络'跨越国界运作，以规范在全球经济中运作的个人和公司，打击全球犯罪，并在全球范围内解决共同问题。"斯劳特认为，网络主权是建立在一定基础上的，即参与者之间的信任和关系，定期的信息交换，针对共同问题进行的合作，以及向欠发达国家成员提供的技术援助和专业社会服务等。

主权的这一定义几乎完全依赖于国家行为的规范。它包含许多网络理论的经验，并将其应用于国家的网络。然而，世界上还有许多其他行为者也参与到了与国家利益重叠和交叉的网络中。更重要的是，这些行为者不像国家那样受同样的法律、道德和监管规范的约束，其目的不必基于个人或集体的利益。也许最重要的是，它们很难被控制。

斯劳特关于网络权力的观点，就像之前奈的软实力观点一样，最终使国家在国际体系中享有特权。他们都认识到，等级制度受到网络的威胁，新的团体拥有权力和影响力，国家需要适应现状以维持其重要地位。这本质就是思维上的一个显著转变。在大约10年或20年的时间里，一个已经维持了500年的、以国家为基础的权力体系正处于快速转变之中。

然而，最终网络权力和网络主权的争论未能采纳支撑它们结论的逻辑。它们的核心论点仍然与国家有关，其关注的焦点是国家应该且必须如何适应新的形势，以便在这个新世界中维持其重要地位。但同样可以肯定的是，赋予个人和群体权力以挑战主导行为者的那些特性变得如此强大，足以从根本上对国家作为社会结构的生存能力构成威胁。这是一个更为激进的主张，且会产生巨大的影响。它对国家在网络系统中的生存能力提出了攸关存亡的挑战，这一挑战可能标志着之前描述的国家体系将缓慢演化，实现历史的革命性突破。

对于我而言，赋权数字行为者对国际体系提出了根本问题：重要的国家责任将被网络行为者削弱或取代，这意味着什么？我们在传统制度中嵌入的道德和法律规范能否转移到网络世界中？如果我们的全球安全和经济机构被淘汰或变得无关紧要，将会产生哪些风险？这些国家该如何反击？它们的行动是在遏制这股潮流，还是最终加速国家的衰落？也许最重要的是，我们如何应对现在拥有权力的人，而不是那些曾经拥有权力的人？

要回答这些问题，首先，我们必须更详细地了解究竟是什么赋予了网络行为者权力。

· · ·

“匿名者”这个看似无组织、无领导、分散的数字行为者组成的团体，是如何做到与世界上最强大的国家和企业较量的？这个问题的答案为我们打开了一个通往颠覆性力量新世界的窗口。

信息技术从根本上降低了参与国际集体行动的门槛。正如法律学者马文·安莫里所指出的，现在生产和分配的边际成本如此之低，以至于网络参与者能够克服协调政治行动的技术成本、物流成本和组织障碍。这种特别的协作能力使得由非金钱动机驱动的个体参与者能够组成网络，充分利用他们过剩的劳动能力。[24]

关于什么人能使用这种授权技术，仍然存在分歧。最终，这不仅关乎使用权（尽管获取使用权仍然是一个问题），而且涉及人们能够利用这些使用权做什么。我们的大多数技术都是由富人设计、为富人服务的，这导致谁被技术赋权，谁就能得到真正的偏袒。颠覆性力量也赋予某些形式的知识以特权。在数字世界里，如果你懂代码，能适应多种身份，具有好奇心和创造力，你便是强大的。

赋予新兴行为者权力的特质，恰恰与国际权力的传统准则背道而驰。曾经使国家软弱的因素——缺乏结构、不稳定、去中心化的治理、松散而不断发展的关系——正是使“匿名者”这样的团体变得强大的原因。它们基于当代信息技术结构的非传统方法，正在改变国际事务的世界。这是一场权力革命，而不是权力演变，国家所面临的威胁就存在于这种悖论之中。通过对“匿名者”强大原因的分析，我们可以确定颠覆性力量的三个核心属性——无形性、不稳定性和协作性。

第一个核心属性：无形性

你不能加入“匿名者”，因为它不是一个组织。你不能领导它，因为它没有领导者。你如果不再参与，就相当于自动退出。因为没有集中的领导，所以没有把关系统。没有人决定你是否成为该组织的成员，也没有人授予你“正式地位”。大多数参与者都是用数据加密和假名做掩护的。

正如一位“匿名者”参与者所说，“‘匿名者’不是一个俱乐部，不是一个政党，甚至不是一场运动。没有章程，没有宣言，没有会费。‘匿名者’没有领袖，没有大师，没有理论家。事实上，它甚至没有一个固定的思想体系”。

这与赋予传统机构优势的牢固的等级结构形成了鲜明对

比。例如联合国、福特汽车公司、美国军方和红十字会，它们所有的权力都是通过接受上级命令获得的。

那么我们如何理解一个拥有大量权力却没有制度结构的行为者呢？它之所以获得权力，不是因为克服了其分散和无等级的本质——无形性——这一缺陷，而恰恰是因为拥有这种本质。就像本书中概述的许多其他组织一样，“匿名者”是一个网络组织。由于“匿名者”主要存在于信息网络，它挑战了阻碍传统机构的政治、经济和结构的边界。

匿名性的内在价值有助于解释个人在在线网络中日益增长的权力。这是由技术确定的匿名性，它允许个人用户发表政治言论而不用担心受罚，因此赋予了用户权力。[25]

网络内的通信是高度分散的，不同活动可以在任意数量的平台上进行计划和协调。当就通信地点或形式达成一致时，人们就会展开讨论，这有助于其快速发展。

但是，等级制度的建立是为了维护权力来源并使其合法化，即能够追踪决策者采取行动所依据的信息，并最终使他们承担责任。在一个没有明确权力结构的体系中，我们如何替换这些问责规范？“匿名者”无法控制谁以其名义行动，这是前后矛盾的。2011 年，一个和“匿名者”有关联的反堕胎黑客攻击了英国最大的堕胎服务机构。几个月后，另一名“匿名者”黑客又因梵蒂冈反对堕胎而对其进行了攻击。网络安全公司迈克菲在发布的一份白皮书中总结道：“如果黑客活动分子仍然组织结构分散，继续接受任何签约的人来代表他们行动，我们就可能濒临数字内战。”

一个完全分散的组织结构是否会对其成员和社会负责，这仍然是围绕颠覆性力量最紧迫的问题之一。缺乏严格的组织结构也使"匿名者"这样的组织有非常强的适应性。在五大"匿名者"黑客被逮捕之后，攻击活动有增无减。由于连接任意两点的路径很多，当一条路径被禁用时，网络会找到另一条路径，其有效性不会受到影响。

计算机科学家长期以来一直在研究网络的适应性。然而，《自然》杂志最近的一篇文章指出，并非所有备用网络都是平等的。作者指出，无标度网络（比如互联网）的一个特征是，大多数网络节点都有一到两条链接，少数节点有更多的链接。这保证了网络系统是完全连接的，因此特别强大。更具体地说，节点在互联网等网络中相互通信的能力不受高故障率的影响。然而，这种对错误的高容忍度是有代价的：如果关键节点受到攻击，整个网络就都容易受到攻击。[26]

互联网的适应性不仅来自它对错误的高容忍度，也来自分组交换。网络法律学者迈克尔·弗鲁姆金把分组交换描述为一种方法，通过这种方法，数据可以被分解成标准化的信息包，然后这些信息包通过数量不定的中介被传送到它们的目的地。[27]有多条可行性通信线路意味着当一个线路中断时，信息仍然可以传送。这就是美国国防部发展互联网的原因之一。

就像互联网本身一样，网络中的行为者连接松散，只有少数人拥有大量的连接。这使其难以被关闭，对其正在颠覆的传统机构来说，这是非常令人沮丧的。

第二个核心属性：不稳定性

在数字网络中，信息不仅内容丰富，而且发展速度越来越快。关于全球性事件的新闻每天都在发布，思想、意识形态、信念和政治的演变也几乎实时发生。软件程序、群体行为和个人行为都在适应这个拥有大量实时数据流和新进化步伐的世界。像“匿名者”这样的组织，在这种不稳定性和不确定性中蓬勃发展起来，并能够充分利用传统行为者，它们需要对未来可预测的知识充分了解才能保持强大。

无论是企业对市场的了解，还是国家对情报的掌控，20世纪的大型机构都期待一定程度的可预测性，而这种可预测性越来越难以实现，这是由于现在产生的数据规模过于庞大。例如，我们每5分钟产生的数据就足以填满一个国会图书馆。其中大部分都带有大量空间信息和参考信息的标记，具有社会性，仅在脸书平台上，每月就有20亿条数据按位置进行标记。这种数据流正促成一种新的生产规律，即我们消费、产生和使用的数据越多，其成本就越低。数据不受资源的约束。

新信息产生的速度超过了我们将其作为一个整体来理解的能力。这种环境使那些在不确定性和混乱中蓬勃发展的行为者享有特权，却阻碍了那些需要长期战略规划来调动资源和实施政策的行为者。

信息生产的规模和速度正在改变个人行为方式。可能产生的一个影响是，在网络中，人际关系不太可能建立在历史的基础上。因此，群体忠诚度不能确保路径依赖。通常，一场运动或活动不会产生永久性的机构。

在这个空间里，思想可以有自己的生命，可以像病毒和自我营销一样进行传播。这样，信息就像模因的运作方式一样进行传播。模因就是利用人们的自我复制，以类似病毒的运作方式而进行传播的思想。[28]

快速的病毒式传播还会赋予某些类型的信息以特权。互联网理论家叶夫根尼·莫罗佐夫警告说，在线网络及其带来的变化速度鼓励人们参与表面形式的政治活动，在这些活动中个体会受到刺激，做出招摇且武断的行为。[29] 如果莫罗佐夫关于这种被过度鼓励的行为的看法是正确的，那么病毒式传播的内容就可能是有问题的。例如，病毒式视频《科尼 2012》具有颠覆性，因为它成功推动了一项主流话语中缺失的事业，并以一种传统组织未能做到的方式影响了政策制定者，但它终究是有缺陷的。即便如此，对于传统援助组织和负责寻找约瑟夫·科尼的政府来说，它的颠覆性力量仍是显而易见的。

第三个核心属性：协作性

我们习惯于将组织等同于等级制度，所以当不同的群体能够集体行动时，乍一看这似乎让人感到惊讶。在国际体系中，国家由像联合国这样的国际组织定义为主权国家。在网络化模式中，新的行为者不需要外部行为者的定义来获得地位。相反，他们的身份来自其所作所为及自身产生的影响力。但是，如果互联网技术赋予个人独立行动的权力，那么它又如何规范集体行为呢?

在网络环境中，许多新的临时管理形式正在出现。一种观点认为，存在一种新兴的自我管理形式，即技术正在促成一种新的、集体的、临时的私人管理形式。通过这种形式，一些独立的行为者有意约束和影响其他独立的行为者。[30]

哈佛大学法学教授劳伦斯·莱斯格是全球信息技术辩论的领导者，他也认为，对行为的法律管控只是规范市场、制度架构等多种约束形式中的一种。因此，网络几乎不受法律约束的事实并不意味着它不受管理，这只意味着它是通过其他（私人的）手段来管理的。[31]

2002 年，约凯·本克勒将这种自我管理的思想应用于互联网时代。本克勒基于罗伯特·科斯的理论［该理论将互动的管理分为基于市场的（通过合同）或基于等级的（通过制度）］，提出互联网允许第三种生产模式：临时志愿服务主义。[32]

在这个管理体系中，信誉和权威是通过行动获得的。珍妮·松登用可爱的语言表述道：在互联网上，一个人“通过打字塑造自己”。[33] 同样，曼纽尔·卡斯特尔认为，新的行为者从交流而非表现中获得权力。[34] 这两种观点都表明，在在线网络中，像“匿名者”这样的组织，其权威只能由参与者所创造的现实来评判。

合作行动已被证明是国际事务中颠覆性创新者的一个关键属性。当“匿名者”协调分布式拒绝服务攻击时，数百甚至数千台计算机就会作为攻击平台协同行动，对目标发动攻击，使目标服务器超载。

国家和企业通力合作，但却是通过谈判缔结的条约或通过合并，以自上而下的形式化方式进行的。虽然软实力的概念决定了更多非正式的影响力将越来越重要，但这些方式旨在增强国家的权力。它们本身并不是目的，也不能使所有参与者都平等受益。

另外，“匿名者”本质上是一个基于伙伴关系、协作和相互依赖的社交世界。这与命令－控制式的等级制度、市场交易和传统的官僚机构形成了鲜明对比。

在国际关系领域，社会行为的决定性影响与建构主义理论密切相关。建构主义理论认为，国际动态是历史和社会建构的，而不纯粹是人性或国家权力的功能。[35]在网络环境中，有许多相同的动态因素在起作用。丹娜·博伊德认为，在美国即使年轻人无法直接与朋友聚会，也可以通过聚友网和脸书进行社交，因此这两者承担了支持社交的“网络公众”的功能。[36]图书馆学、档案学和信息研究学教授卡罗琳·海索恩思韦特认为，由于个人可以清晰地表达观点并公开他们的社交网络，有“潜在联系”的个人可以建立通常无法建立的联系。[37]克莱·舍基更进一步地阐述，认为点对点正在“消除消费者和供应者之间的区别”，并创造新的社会经济关系形式。[38]

正是这些网络固有的社交联系才赋予了网络权力。从逻辑上讲，如果一个群体可以让其成员结识很多人并建立真正的人际关系，那么它会比一个关系松散的群体更强大。这些社交联系对于想要更多了解网络的企业或政府来说是很有价值的，但也给参与其中的公众带来了巨大的权力，甚至只有潜在关系的群体也可以建立联系，被动员起来。

由于这些网络是由信息技术支持的，因此它们也与空间有不同的关系。例如，“匿名者”节点分散并受地理位置影响。当然，网络上仍然存在着隔离。它不是基于地理位置，而是基于其他因素，比如国籍、财富、年龄和受教育水平。

更重要的是，像“匿名者”这样的组织表明，在没有集中化管理和等级结构的情况下，也可以组织集体行动。克莱·舍基认为，以前需要协调和等级制度的集体活动，现在可以通过更松散的协作形式来进行，比如通过社交网络联系、活动中的短期联盟或特定事件中的统一目标来进行。通过这种方式，互联网将迥然不同的群体联合起来。如果没有互联网，这些群体就不可能形成。[39]

对于那些因以前受过国家暴力威胁而遭受排挤的群体，通过集体在线行动使它们可以在更安全的虚拟环境中展开，而不必在街上冒着死亡的风险进行。这个虚拟空间也成了名副其实的国家压迫的场所，对这个问题的探讨将贯穿本书。

还有一个潜在的问题是，很多在线活动是在私人公司所在的平台上进行的。在谈到网络治理时，马克·康西丁认为，网络是一个基于伙伴关系、协作和相互依赖的社交世界，而不是基于命令–控制的等级制度、市场交换和传统的官僚工具。[40]曼纽尔·卡斯特尔补充说，网络使一种新的集体资本主义成为可能，这是“信息时代的标志性组织形式”。[41]

最后，公共空间和私人空间之间的关系变得越来越模糊，国家也正定期从控制在线空间的公司那里收集私人数据。例如，优兔有一项反对图像视频的政策，但对人权很重要的内容却是例外，比如2011年针对巴林抗议者暴力行为的图像视频。然而，优兔有权决定什么内容具有政治重要性。

那么，在这个新世界里，诸如国家和公司之类的等级机构该怎么办呢？那些长期（无论好坏）统治、控制和领导国际体系的传统机构将如何适应这些新行为者呢？在一个权力核心原则被颠覆的世界里，国家又扮演何种角色呢？

在下面的章节中，我将探讨这种冲突，展示哪些行为者正在利用技术来解决问题、停止控制或夺取权力，以及传统机构是如何做出（或不做出）反击的。

第三章

异见空间

2011年1月28日，埃及爆发了一场反对时任总统胡斯尼·穆巴拉克的民众起义。这场起义是通过互联网组织起来的，并通过社交媒体得以扩大。起义爆发后，穆巴拉克政权关闭了埃及的大多数数字通信，这惊人地展现了国家的强制权力，同时也提醒人们，数字技术所带来的自由开放的通信仍然易受国家的控制。

Telecomix是一个分散的国际网络黑客组织，主要由西方黑客和致力于言论自由的活动人士组成，其成员认为，穆巴拉克封锁互联网是对人类基本自由的粗暴限制。他们开始研究如何在埃及重建网络链接。

在互联网没有完全关闭的时候，Telecomix的成员为埃及的活动人士提供了监控规避工具，比如可进行匿名数字通信的“洋葱路由”和私人专用虚拟网络。他们建立了镜像和代理来恢复对被屏蔽网站的访问。他们使用一种叫作“网络映射器”的工具，扫描了整个埃及互联网协议地址空间，找到了几千台仍然可以访问互联网的机器，并将人类可读的信息添加到网络服务器日志中，这些日志描述了如何安全地进行在线操作。由于在埃及无法使用推特，他们就通过互联网中继聊天室手动转发埃及人的推文。

在埃及的互联网和移动服务完全关闭后，Telecomix 黑客组织与法国数据网（一个对黑客友好的互联网服务提供商）合作，建立了数百条拨号调制解调器线路。他们还与业余无线电爱好者合作，通过指定频率发送简短的后勤保障信息。为了让埃及的活动人士了解这些替代服务，Telecomix 在埃及找到了尽可能多的传真线路。这个国际黑客组织向大学校园、网吧和企业的传真机发送了数千份传单，告知如何避开封锁，并提供如何医治接触催泪瓦斯的人等医疗信息，它们还架设了传真机来传送埃及的新闻。Telecomix 的成员彼得·费恩说："当国家实施封锁时，我们就会下放权力。"

Telecomix 黑客组织于 2009 年 4 月在瑞典成立，以回应欧盟的一项提议法案，该法案禁止任何反复下载受版权保护文件的人进入互联网。Telecomix 黑客组织认为，这样的立法会限制信息在互联网上的自由传播。在该法案投票前，该组织公布了每一位欧盟议会成员的电话号码，然后请求海盗湾（一个在当时每月吸引 2 000 万访问量的文件共享网站）来帮助连接这些电话号码。欧洲议会的电话连续数天被打爆，立法者随后放弃了这项提议法案。

在第一次活动获得成功后，Telecomix 的国际参与者数量迅速增长。虽然他们在"保持互联网运行"的普遍承诺下团结在一起，但并没有统一的领导和一致的行动方向。Telecomix的创始人克里斯·库伦伯格告诉记者安迪·格林伯格："把Telecomix想象成一群人数不断增长的朋友，大家一起做事情。"Telecomix在其网站上表示："我们不对技术或领土划分界限，没有具体的议程，没有互联网中继聊天室领导权，也没有预先确定的做法。我们是一种存在，而不是一个群体。"[1]

彼得·费恩在某种程度上成了该组织的发言人。他在自己的博客上写道："Telecomix是一个由互联网用户组成的临时的无组织的群体，他们不考虑政治派别，支持每个人自由通信。Telecomix由程序员、朋克族、政客、海盗和其他人组成，他们信奉人与人之间的交流，即最初的点对点。"这些人"被追求自由的强烈激情所激励，被渴望进行互联网冒险的愿望所吸引，想看看自由通信在普通人的生活中能做些什么"[2]。

由于Telecomix支持埃及活动人士，它的互联网中继聊天室成了其他活动人士和革命者的信息技术支持中心。随着叙利亚冲突的爆发，法国、德国和瑞典的Telecomix代理人相继传播了当地暴乱的视频和照片。Telecomix预计，叙利亚会像埃及一样关闭互联网。相反，阿萨德政权则监控了反对派组织和活动人士在互联网和社交媒体上的活动。

对于Telecomix来说，这种方法提出了一个新的挑战：如何在发送信息的同时，不暴露它们想要帮助的活动人士，更不能将他们的生命置于危险之中。一位网名为齐奥普斯的Telecomix代理人写道，考虑到这个问题，脸书被排除在外，因为它始终处于叙利亚政府监控之中。[3]因此，该组织尝试了一种暴力破解的方案。Telecomix 的成员在网上收集了尽可能多的叙利亚电子邮件地址——包括支持阿萨德的组织和个人的地址——并发送了以下信息：

> 亲爱的叙利亚人民、民主战士们：
>
> 我们是 Telecomix，为信息传播而战的黑客活动分子。
>
> 请在附件中找到帮助你安全沟通和传播信息的指南，请仔细阅读，尽你所能地用各种方式传播它。民主和自由岌岌可危。由于审查的原因，我们克服了诸多困难才将这条信息传达给您。
>
> 愿自由与您同在。
>
> 此致敬礼！
>
> Telecomix

Telecomix 成员并不知道到底有多少他们想要帮助的人收到了这些信息。正如齐奥普斯解释的那样，“就好像我们把成千上万只信鸽放飞过了边境，却没有得到任何直接的反馈……我们的介入和关注增加了很多，但接收信息的另一方似乎仍然沉默得可怕。于是，我们采取了更有渗透力的行动”[4]。

Telecomix 还建立了一个专门的网站，提供包括阿拉伯语的互联网安全指南和一个小的可下载软件包，软件包内包括火狐浏览器插件、一个“洋葱路由”包、安全即时通信软件和一个 Telecomix 互联网中继聊天室链接。该组织使用了 19 个具有不同域名的镜像站点，以避免被封锁。齐奥普斯称这一成功的计划是“高超的技术能力、深度的情感参与和去中心化的技术力量”的结合。

Telecomix 成员还扫描了叙利亚的互联网，寻找易受黑客攻击的设备。他们获取用户密码，侵入了思科系统公司生产的网络交换机、实时街景监控摄像头以及叙利亚政府官员的计算机。他们发现了 5 000 个不安全的家用路由器，并警告其所有者他们易受国家的监控。[5]一名网名为 Punkbob 的 Telecomix 成员发现了记录数千名叙利亚人互联网活动的日志，包括他们的位置、访问的网址和通信的完整内容。这些日志均来自蓝衣系统公司制造的设备。Punkbob 自称是五角大楼的承包商，之所以能识别出这些日志，是因为五角大楼使用同样的软件过滤和跟踪其雇员的互联网使用情况。叙利亚政府正在使用美国制造的设备监视其公民。Telecomix 公开了这些数据，引发了公众对蓝衣系统公司和类似的西方监控设备制造商的广泛关注，并在美国推行禁止向叙利亚和伊朗出口此类技术的行政命令中发挥了作用。

我们对国际事务参与者的传统分类不适用于 Telecomix。它不是一个民族国家，不是一个正式机构，也不是一个行为异常的个人；它有一个集体身份，但松散的结构使它难以被控制。

彼得·费恩在 2012 年个人民主论坛会议上的一次演讲中说，“如果想找到 Telecomix 的所在，它就存在于我们的聊天网络中，存在于参与者的关系中。我们的运作原则很简单：你出现，找到合作者，然后行动。像互联网的其他部分一样，

Telecomix 的基础设施比较简陋——有时候服务器会崩溃，或者被分布式拒绝服务攻击，或者有人会忘记支付域名账单，但似乎什么都没有记录下来。但事实证明这是一件好事，因为当网络中断时，我们可以群策群力，竭尽所能去使之重新运作起来”[6]。

这使得法律、组织、实践和技术上的流动性成为可能，这是传统机构所不具备的。费恩继续说道，“当埃及的网络瘫痪时，Telecomix 没有打电话给罗恩·怀登，没有让他致电希拉里·克林顿，希拉里再致电奥巴马，最后奥巴马致电穆巴拉克，说‘请重新打开互联网’。相反，我们采取了直接行动——我们拿出一些调制解调器和传真，自己动手打开了互联网”。

Telecomix 和“匿名者”这样的黑客组织代表了一种新的国际行为者，它们正在重塑国际事务。这两个组织所掀起的运动可能使用了不同的战术：在“阿拉伯之春”运动的发源地突尼斯，“匿名者”摧毁了总理的个人网站以及政府网站；而 Telecomix 则将加密技术分发给了抗议者。但它们都是黑客组织，其成员冒着巨大的个人风险行动，因为他们有一个共同的道德信仰，即信息自由是一项普遍的权利。史蒂文·利维在 1984 年出版的关于黑客的著作中指出，黑客受到两个原则的约束：首先，他们反对政府对互联网的统一控制，并竭力消除其对网上信息和行为的控制；其次，他们认为权力的集中——尤其是国家权力的集中——导致了权力的普遍滥用，将会遭到质疑。[7] 这当然是一种无政府主义。然而，像 Telecomix 这样的黑客组织没有表现出暴力或抗议的行为，而是试图通过展示其去中心化的能力，来证明国家权力的缺失。

· · ·

对于像 Telecomix 这样的黑客组织来说，黑客行为是“公民不服从”的一种形式。梭罗在 1849 年的一篇题为《论公民的不服从》的文章中创造了这个词语，这篇文章主要体现了他对奴隶制和美墨战争的反对立场。在梭罗看来，政府之所以存在，是因为人民赋予了它们代表权，它们不应该理所当然地认为人民应该服从国家。国家需要通过追求正义和尽职尽责来赢得其公民的忠诚。他认为，如果没有这些德行，公民不服从非但无可厚非，而且应该受到鼓励。公民不服从是对国家权力的一种制约。梭罗虽不是无政府主义者，但他确信“治理行为最少的政府是最好的政府”“即使是最好的政府，也只是一种权宜之计”。他相信，每个人都需要倾听自己的良知，即使以破坏“集体”的稳定和最终失去政府为代价，也要质疑政府及其机构的统治。

尽管梭罗的观点是激进的，但其他人也接受了他的观点。在《正义论》一书中，约翰·罗尔斯将公民不服从定义为“一种公开的、非暴力的、出于良知的违法行为，其目的是改变法律或政府政策”。这一行为需要出于良知，具有真诚的道德信念，并把更广泛的社会利益放在心中；它需要一个政治动机，激发“普遍的正义观念”；它的目的必须是改变法律，使之符合正义；它必须是非暴力的，参与者必须接受其行为所造成的任何惩罚。

汉娜·阿伦特在这些定义中加入了一定程度的民粹主义因素，她认为公民不服从代表了公众异议迅速高涨。当足够多的人相信仅仅改变政府政策或向政府渗透某一政策这些正式机制不足以应对，还需要采取额外行动时，公众异议就会激增。[8] 汉娜·阿伦特在互联网兴起之前就提出了这一观点。互联网的兴起促进了大众表达，这种表达与身体抗议相比少了些摩擦或牺牲。[9]

20 世纪 50 年代，麻省理工学院的学生创造了“黑客”一词，用来指代早期人工智能实验室里玩的恶作剧，以及技术模型铁路俱乐部对轨道电路的实验。[10] 记者奎因·诺顿针对黑客行为领域做报道已有 10 年之久，她将黑客行为定义为“对任何技术的巧妙滥用”。[11] 虽然黑客行为不是一种明确的公民不服从，但它一直有一种潜在的反权力主义的情绪。在 1986 年一篇名为《黑客的良心》的文章中，一名自称“导师”的黑客写道：

> 我们探索……你们还称我们为罪犯。我们追求知识……你们还称我们为罪犯……你们制造原子弹，你们发动战争，你们杀人，你们欺骗我们，你们编造谎言，试图让我们相信这是为我们好，然而我们是罪犯。是的，我是个罪犯。我的罪过是好奇心；我的罪过是根据人们的语言和想法而非长相来判断他们；我的罪过是我比你聪明，你

永远不会原谅我比你聪明。我是个黑客，这是我的宣言。你可以阻止我个人，但你阻止不了我们所有人。[12]

1989 年 10 月，第一次被公认为政治激进主义的黑客行为出现了。一种名为 WANK 的反核蠕虫病毒在美国国家航空航天局和美国能源部的登录屏幕上发布了一条信息称："WANK……你的系统已经被蠕虫病毒彻底破坏了。"第一次的分布式拒绝服务攻击是一种公民不服从行为，它利用通信请求使网站或服务器不堪负荷。1994 年，一个名为 Zippies 的激进组织对美国政府网站进行了"电子邮件轰炸"，以抗议一项禁止户外狂欢的法律。

1996 年，一群自称"批判艺术团体"的媒体专业人士和艺术家发布了一份名为"电子公民的不服从宣言和其他不受欢迎的想法"的所谓宣言。[13] 他们认为，信息以电子方式流动，而不是通过城堡和城市中心流动，因此，必须改变反对权力的方式。1998 年，一个名为 EDT 的组织开始了其所谓的"电子公民不服从"行动，反对墨西哥政府，以支持萨帕塔主义者——南部恰帕斯州的左翼农村运动者。萨帕塔运动激发了其他运动。1998 年，EDT 推出了 FloodNet——一种可以发动分布式拒绝服务攻击的软件。其联合创始人布雷特·斯塔尔鲍姆将这个软件项目背后的理念解释为：部分是抗议，部分是数字表演艺术。该项目作为"概念化的网络艺术，通过激进主义和艺术的表达赋予人们权利"。1999 年，真实世界和电子世界中的激进主义与针对世界贸易组织的抗议活动合并在了一起，新一轮国际贸易自由化谈判正在启动。当抗议者在西雅图街头集会时，一个总部位于英国牛津、名为“电子嬉皮士集体”的组织动员了 45 万人，参与对世界贸易组织网站的分布式拒绝服务攻击。

学者莫莉·索特将这些以及随后发生的电子激进主义行为视为公民不服从的一种新形式。“网络技术意味着我们进行有效的政治激进主义活动的机会已经成倍增加。”曾经，活动人士需亲临一线，为他们的事业而战，而网络活动人士则可以通过他们的键盘参与基于数字技术的公民不服从活动。[14] 索特指出了三种类型的在线公民不服从：使用直接颠覆策略，比如分布式拒绝服务攻击和网站破坏；搜寻隐藏或秘密的信息；为活动人士提供更多信息渠道。总之，“这些策略旨在通过扰乱正常的信息流动来打破现状，从而吸引人们对活动人士事业和信息的关注”。她写道，数字公民不服从是动态的，“数字公民不服从的未来将源自新的在线策略，而互联网跨越地理边界，将人们聚集在一起的能力将增强这一趋势”[15]。

与线下的公民不服从行为一样，数字化的公民不服从行为也是具有道德动机的，这些行为拒绝暴力、利润动机和财产破坏，参与者对自己的行为承担个人责任。然而，情况并不那么明朗。[16]“不服从”这个词意味着破坏了法律，但法律适应数字化领域的速度却一直很慢。至于“公民”方面，网上不服从行为经常跨越司法边界，其目标可能包括任何被认为拥有权力的实体。在线公民不服从行为的动机并不总是显而易见的，因为抗议者可以匿名行动，他们的动机五花八门，从政治信仰到娱乐活动，无所不有。网络暴力或网络破坏意味着什么？分布式拒绝服务攻击是言语行为，还是更类似于打碎窗户的破坏行为？

鉴于这些以及其他网络政治激进主义的早期表现，各国政府和安全战略专家都预见了潜在的威胁。这种数字化驱动的激进主义行为对政策制定者和立法者构成了真正的挑战。2001年，兰德公司的两位分析师，戴维·罗恩菲尔德和约翰·阿尔奎拉，将网络战定义为一种“社会层面上的新兴冲突（和犯罪）模式，但还未达到传统军事战争的程度。在这种模式中，其倡导者使用网络组织形式和与信息时代相适应的相关理论、战略和技术”。他们认为，“这些倡导者很可能由分散的组织、小团体和个人组成，他们在没有中央指挥的情况下，通过互联网来沟通、协调和开展活动”[17]。

在思考网络战的兴起对国家的意义时，罗恩菲尔德和阿尔奎拉得出了两个特别有先见之明的结论。首先，他们认为网络战既表现出反乌托邦的一面，也表现出良性的一面。有些组织，比如恐怖主义组织，可能会对国家构成威胁；其他的组织，比如非政府组织、公民社会团体和解放运动，可能会带来有益的影响。然而，不管是有益还是无益，两者都使用相似的工具和战术。这种双重属性，或者如他们所描述的“矛盾”的现象，对国家来说是一种挑战。其次，他们认为，网络很难与等级组织相抗衡。他们警告说：“政府往往会受到等级习惯和制度利益的束缚，它可能需要出现一些急剧的逆转——就像美国刚刚遭受的恐怖袭击一样——才愿意更认真地尝试建立网络。”[18]罗恩菲尔德和阿尔奎拉在2001年9月11日美国遭受恐怖袭击的几个月前写了这篇文章，正如本书将探讨的那样，这些攻击为美国政府尝试成为网络行为者而非等级分明的行为者，在监管和法律方面提供了正当理由。

随着“匿名者”等组织的大量涌现，网络激进主义已经达到了规模临界点。鉴于它们的影响力和运作规模，我们很难忽视其在公民社会中的作用。但激进主义黑客行为与恐怖主义黑客行为之间的紧张关系将长期存在。

2000年在美国众议院军事委员会举行的听证会上，信息安全研究员多萝西·丹宁反思了1999年电子嬉皮士分布式拒绝服务抗议对世界贸易组织的影响。国家该如何解释这一行为呢？

> 据我所知，迄今为止没有任何攻击导致暴力或人身伤害，尽管有些攻击可能恐吓到了受害者。EDT和电子嬉皮士都认为，他们的行动是公民不服从行为，类似于街头抗议和静坐，而不是暴力或恐怖主义行为。这是一个重要的区别。大多数活动人士，无论他们参与过“百万母亲大游行”还是网络静坐，都不是恐怖分子。我的观点是，虽然网络恐怖主义威胁主要是理论性的，但我们仍需对其给予关注并合理防范。[19]

“9·11”恐怖袭击事件和其他事件让这种细致入微的思考在美国政治话语中变得毫无意义。2012年2月，美国国家安全局将“匿名者”列为“国家安全威胁”，称它“可能会在未来一两年内通过网络攻击造成有限的电力中断”[20]。

· · ·

“匿名者”是一个没有领导的组织，它是无阶层的、分散的、包罗万象的组织。一些人认为，它甚至不是一个组织，而是一个保护伞名号，在这个名号下，拥有相同思想体系的个人聚集在一起，进行网络激进主义活动。尽管如此，美国、英国和其他国家政府都已经对涉嫌与“匿名者”有关联的个人提出了犯罪指控。2012年3月，美国联邦调查局逮捕了杰里米·哈蒙德，原因是他侵入了私人情报公司斯特拉特福的网站，窃取了超过85万份的个人信息（由“维基解密”发布，被称为“全球情报文件”）。同年9月，自称“匿名者”发言人的巴雷特·布朗被指控17项罪名，包括共谋、腐败、隐瞒证据和违犯《计算机欺诈和滥用法案》。

政府热衷于对与“匿名者”相关的行为进行惩罚，以儆效尤，这令人担忧。克里斯·赫奇斯在哈蒙德受审期间反思道，“那些掌握技术和能力的人可以通过电子技术进入这些封闭的信息系统，他们让国家感到恐惧。在面对有此能力的人时，国家就会动用一切手段来消灭这些反对者”[21]。他们大多数是没有犯罪记录的年轻人，却被当作职业罪犯对待。他们迫于压力而互相攻击，被监禁很久后才会被判刑。他们的家人也成了目标，如巴雷特·布朗的母亲就被迫承认“向联邦调查局隐瞒儿子笔记本电脑”的相关指控，她可能面临10万美元的罚款、最高1年的监禁或6个月的缓刑。布朗的律师杰伊·莱德曼认为，联邦调查局打算通过这些以及其他第一代计算机欺诈案来传递一个信息：“政府的立场明确而坚定，如果你滥用计算机让我们感到不安，你就会被关进监狱，而且会被关很长的时间。”[22]

政府似乎也在拿切尔西·曼宁开刀，以起到杀鸡儆猴的作用。这位前美军一等兵因向“维基解密”泄露机密而被捕，其内容包括超过25万份美国外交电报、40万份关于伊拉克的美军报告、9万份关于阿富汗的美军报告和其他许多美国政府机密文件，以及巴格达空袭造成平民死亡的视频。曼宁声称，这次泄密的动机是“揭露美国军队的‘杀戮欲望’及其对伊拉克和阿富汗人民生命的漠视”[23]。曼宁最初因泄露未经授权的机密材料而被指控12项罪名。2011年3月，政府对该指控进行了修改，这次她被指控22项罪名，包括通敌（可能会被判处死刑）、错误存储信息、绕过计算机安全系统，以及安装未经授权的软件。2013年2月28日，她对22项指控中的10项认罪，但她否认了最严厉的指控——通敌并教唆敌人。该指控的依据是：她知道“基地”组织可以上网，因此她把国家机密发布到网上，泄露给他们。

按照公认的国际定义，曼宁一直遭受美国政府的折磨。自2010年5月29日被捕以来，她先后被关押在伊拉克、科威特和美国马里兰州，最后被关押在弗吉尼亚州匡蒂科基地，在那里她被关押在一个长2.44米、宽1.83米的最高安全级别的牢房里长达9个月。她手脚戴着镣铐，每天只被允许放风20分钟，几乎被剥夺了一切与人接触的机会。她只能在下午1点到晚上11点之间睡觉，赤身裸体，面对着明亮光线的照射。专司酷刑和其他残忍、不人道或有辱人格的待遇或惩罚问题的联合国特别报告员胡安·门德斯教授指责美国政府不人道地对待曼宁。[24]

曼宁被判通敌和教唆敌人的罪名不成立，该指控基于1863年的一起案件：一名联邦士兵被指控通过与一名报社记者交谈向南方传递信息。然而，这种狂热的起诉似乎旨在建立处理黑客行为的新的法律规范。正如《纽约时报》所报道的那样，“泄密者正受到前所未有的起诉和惩罚。以《1917年间谍法》为例，在最初的92年里，该法案只有3次被用于起诉政府官员向媒体泄露机密。但仅在奥巴马总统的第一个任期内，政府就6次使用该法案来追捕泄密者。现在其中的一些泄密者已经入狱”[25]。2013年3月，在《纽约时报》一篇题为《告密者的死亡》的文章中，弗洛伊德·艾布拉姆斯和约凯·本克勒写道，“如果此次起诉成功，它将开创一个令人不寒而栗的先例：国家安全信息泄密者可能会被处以死刑或至少终身监禁。控方的这一理论给记者、消息渠道方和依赖新闻的公众带来了威胁，因而任何珍视新闻自由的人都应该因此而感到不寒而栗”[26]。尽管这种情况没有发生，但是考虑到目前的形势，根据《反间谍法》，记者将来也可能会被起诉。在对曼宁的审判中，法官问控方：“如果曼宁把信息交给了《纽约时报》或《华盛顿邮报》，而不是‘维基解密’，那么是否会以同样的方式追究曼宁的责任？”他们给出了肯定的答复。

· · ·

社会向来排斥参与公民不服从的抗议者，只是在事后才称赞他们是文化发展的基石。对于数字激进主义，国家正在以它所了解的唯一方式，即通过法律的力量并参照法律先例，来寻求控制。然而，在这一过程中，国家不仅从根本上重新定义了它所掌握的执法手段，还挑战了应对公民不服从的不成文的社会惯例。监禁 1 天与服刑 30 年是不同的，这种更严格的应对即使没有完全关闭，却也将异见的空间缩小了，而异见是民主制度的基础。政治异见以及它所代表的“安全阀”需要一种制度，在这一制度下公正的惩罚既占比相当，又广为人知。

异见是社会的“安全阀”，是对我们选择交给国家的巨大权力的一种制衡，而排除异见是要付出代价的。汉娜·阿伦特在 1970 年的文章《公民不服从》中称，公民不服从是一种机制，该机制通过“打破国家的权威和主权”来维持民主进程。对阿伦特来说，不受挑战的主权是对民主的最大威胁，因为它“瓦解了真实政治生活中所必需的显现空间内的多元化和多样性”。在民主制度下，社会集体的聚集就不再是“异见”了；恰恰相反，它表明了公民对他们面临的问题的“共同意见”。[27]

这种将公民不服从视为集体行为的观点源于尤尔根·哈贝马斯，他将公民不服从视为协商民主的一种工具，是在公共空间中进行的一种交流。在这个公共空间中的行为可能处境尴尬，介于管理社会的法律和被抗议的法律之间，但是他认为：

“公民不服从的权利仍然处于正当性和合法性之间，这是有充分理由的。但是，如果立宪国家将公民不服从作为一种常见的犯罪来起诉，它就受到了专制法律主义的蛊惑。”

无论公民不服从是采取线下还是线上的形式，公民的道德伦理判断与政府强加于他们的法律约束之间都存在一种紧张关系，这让公共政策制定者陷入了困境。他们可以接受一定程度的异见，认为这对一个政治体系是有益的，但他们必须认识到这意味着法律有局限性。也许更有挑战性的是，他们必须做出一个定性的区分，即哪些异见行为是可以容忍的，甚至对政治和治理是有益的，以及哪些行为越过了界限，是更高级别的犯罪。

在狂热起诉黑客激进分子的过程中，政府所做的不仅仅违反了与公民之间的协议。正如奎因·诺顿所说：“民主本应有所不同。它应该更灵活，不仅是为了持异见者的利益，也是为了防止整个计划陷入疯狂状态，从而导致帝国和大国的腐朽、失败以及从其内部的衰落。法治之所以成为正义，是因为它代表了人民的需求，不仅是大多数人的需求，而且是智慧和进步的需求——这是思想和时间的平衡。”在这种平衡中，“反对不仅是一种权利，也是保持权力理性的唯一特质”。我们正冒着失去这种权力制衡的风险。

由于互联网是一个远比公共广场更难控制的空间，而公民不服从行为与更具颠覆性和威胁性的行为有着共同的形式和策略，因此国家处于一种进退两难的境地。无论是否有可能控制互联网，这种努力的过程都可能会影响其公民，并破坏国家自身的声望。

第四章

新货币

罗斯·威廉·乌布利希是来自得克萨斯州奥斯汀市的一名物理学学生，他年近30岁，于2013年10月2日被联邦调查局逮捕。从2011年到他被捕的这段时间里，他一直经营着一家名为“丝绸之路”的隐秘在线市场。他从创始人手中接管了该网站，并沿用了“恐怖海盗罗伯茨”这个化名。该网站的创始人因不明原因离开了网站，至今仍逍遥法外。

“恐怖海盗罗伯茨”在2012年1月的“道路咨文”中宣称，“丝绸之路关乎自由”，[1]其目标是“成长为一股不容忽视的力量，可以挑战当权者，并最终允许人们选择自由，而非暴政”。

“丝绸之路”不会出现在谷歌搜索中，只能通过加密工具“洋葱路由”访问，并且其网址不断变化。一旦购物者登录“丝绸之路”在线市场，他们就可以购买各种各样的商品。就像购物网站易贝网一样，任何人都可以成为卖家，由用户对产品和服务进行排名和评价。

根据卡内基–梅隆大学研究员尼古拉斯·克里斯廷的说

法，该网站在2012年上半年每月总收入为120万美元。[2]都柏林圣三一学院的一位分析师发现，该网站每天有6万的访问量，活跃用户超过100万。[3]

匿名性是维持该网站生存的关键因素。匿名就是资金的来源。传统上，黑市通过使用现金而不受政府的控制。然而，通过使用一种名为比特币的新型电子货币，"丝绸之路"可以在网络上存在。当时在全球，"丝绸之路"是使用比特币的主要市场，销售额超过950万比特币，在当时价值超过10亿美元。[4]

对于"恐怖海盗罗伯茨"来说，这才是他投机活动的真正力量。通过"丝绸之路"，公民能从国家手中夺回（货币和自由市场的）权力。"人们现在可以控制信息的流动和分发，也可以控制资金的流动，"他宣称，"一个部门紧接着另一个部门，国家正在被排除在制衡局面之外，权力正回到个人手中。"[5]

正如一个自称是"新恐怖海盗罗伯茨"的人宣称的那样，"'丝绸之路'反映了一个理念，这个理念之前就存在于创设该网站的人们当中，正是这些人，在微小的帮助下，就能使这个理念以一个新的名字重新焕发生机"[6]。

比特币的概念也是如此。尽管许多人认为，比特币与非法交易密不可分，因此随着"丝绸之路"的关闭，比特币难以为继，但也有人认为这是一个转折时刻。时任比特币基金会监管事务委员会主席的马可·桑托利告诉《纽约客》杂志的布赖恩·帕特里克·埃哈，"在过去一年左右的时间里，比特币的公关问题一直困扰着我们。现在，我们正以一种非常直接的方式去解决该问题"[7]。

埃哈接着说道："随着令人头痛的'丝绸之路'被取缔，比特币可能很快会获得一个相对良好的形象。这将允许加密数字货币企业家为比特币基金会认为能合法、有价值地使用比特币的公司吸引更多资金，包括在电子商务、汇款和对第三世界人民金融授权中使用比特币。"[8]

尽管"丝绸之路"可以称得上是新生的比特币网络的初步试运行，但重要的是，美国联邦调查局关闭"丝绸之路"时并没有利用比特币代码，因此"丝绸之路"的关闭开启了一个发展和炒作比特币的新时代。我们以加拿大不列颠哥伦比亚省温哥华市的一家咖啡店为例。

· · ·

这家咖啡店名叫"海浪咖啡店"，是一家像星巴克一样的普通咖啡店，位于温哥华一个干净、舒适的中高端社区内。在咖啡店的后面有一台自动取款机，人们可以存入现金以换取比特币。这台自动取款机在投入使用的最初 8 天里，处理了 8.1 万加元，第一个月就进账 100 多万加元。[9] 通过自动取款机购买的比特币有的被存入现有的钱包，有的被存入新创建的钱包。到目前为止，超过一半的交易都存入了新钱包。换言之，这台自动取款机正在吸引新的比特币用户。该系统由一家名为 Robocoin 的加拿大公司运营，该公司计划在全国各地引入这种自动取款机。

一旦 Robocoin 公司完成了比特币的销售（也就是说，一旦你购买了比特币），另一家名为Coinkite的加拿大公司就会介入。Coinkite公司允许客户将比特币钱包绑定借记卡，并为他们提供类似借记卡的机器，这样就可以在销售点接收比特币。创始人杰米·罗宾逊解释道，“我们确实在努力将比特币融入主流”[10]。美国一家类似的Coinbase公司，最近也从硅谷一家蓝筹股风险基金获得了一笔2 000万美元的投资。尽管比特币过去曾被用于黑市，但它现在正在走向主流。

上述这些事例合法吗？目前还不完全清楚。根据加拿大税务局2013年的一份报告，政府将比特币视为虚拟货币，并将其与传统货币区分开来。这使比特币成为必须征税的以物易物的商品。[11] 同样，美国司法部通报参议院的一个委员会，它们认为比特币和其他数字货币一样，都是“合法的交换手段”[12]。

但这些令人不安的政府反应掩盖了比特币发展中核心的潜在的紧张局面。比特币是一种价值难以控制，因而难以被使用的商品吗？抑或仅是一种新兴货币，会阻碍各国通过垄断货币获得权力，从而对各国金融安全构成真正的威胁？

从很多方面来说，这是经济学家的一场争论，在本章后面将会对此进行讨论，但它也代表了新兴技术支持者截然不同的政治愿景——这种争论在从“丝绸之路”到Coinbase公司的转变过程中展现得淋漓尽致。尽管有些人认为加密数字货币是一种脱离国家的、激进的无政府主义表现，但另一些人（比如硅谷投资者）则认为它是一种新的金融机制（比如在线支付平台贝宝）。

简而言之，在比特币社区中，加密无政府主义者和硅谷风险投资家之间的分歧越来越大。加密无政府主义者希望把比特币当作自由主义武器，来对抗国家和金融机构，而硅谷风险投资家则希望比特币在国家控制下正常化，从而使比特币成为一种合法的支付方式。这样一来，政府就被夹在了中间。

本章首先概述了货币管制与国家权力密切联系的历史，然后详细介绍了加密数字货币的兴起，解释了其运作方式，并讨论了它们对现实世界的潜在益处。最后，本章探讨了国家权力所面临的潜在挑战，分析了评论性文章，并展望了未来可能的发展趋势。

正如美国前国务卿希拉里·克林顿的创新高级顾问亚力克·罗斯所言，尽管关于比特币的影响程度存在很多争议，但“这种现象部分地反映了权力结构网络化和全球化的发展趋势，而网络化和全球化的权力结构往往会对我们已经习惯了的民族国家体系造成破坏”[13]。

因此，我们厘清它是至关重要的。

· · ·

无论是通过税收管理体制、全球贸易体系还是储备货币争端，对货币的控制是国家权力的一个重要属性。但情况并非总是如此。事实上，金钱与国家权力之间的联系经历了多次演变。历经几个世纪，货币才成为国家唯一的堡垒。如果加密数字货币有可能破坏这种动态，那么我们有必要追溯一番货币作为国家权力杠杆的演变过程。

正如本·斯泰尔在《货币、市场和主权》一书中所描述的那样，历史上大多时候，货币要么是一种金属（金、银或铜），要么与某种商品的价值挂钩（金本位制）。[14] 这些金属被开采出来，并以粗糙的形式或以原始硬币的形式进行交易。当铸币——用金属铸造标准硬币——在古代世界广泛普及时，人们可以进行长途旅行，形成更广泛的贸易和社交网络。据记载，最早被封印或盖上印章以保证重量和纯度的硬币出现在公元前7世纪，始于地中海的私人封印，然后传播到亚洲。

随着政权对硬币制造控制的出现，权力滥用也随之而来。精英操纵货币为自己谋利的例子比比皆是，其中最早的一个例子就是，小亚细亚西部的吕底亚古国的历任国王垄断了铸币，以控制金币中的黄金含量，通常通过大幅降低金币的含金量来获取差额利润。后来，波斯征服者将这种铸币方式传播到了亚洲和北欧。不同的王国都有自己的硬币，但是公元前3世纪罗马人建立了中央货币体系，并取消了其他类型硬币的合法性。罗马人还通过降低金币的含金量来系统地抬高货币的价值，从而引发了政治动荡。

在这段历史时期，货币制造作为国家权力的杠杆拥有了牢固的地位。其理念是，国家在货币形成中扮演着一个自然的角色，因为它作为一个中立机构，可以保证货币的价值。然而，经济学家罗伯特·蒙代尔将其称为一种“教科书式的虚构”，他认为政府控制货币总是出于获取潜在利润的动机，而不是为了实现任何金融稳定的想法。[15]

随着国家对货币控制的规范化，关于国家控制货币制造的权威性和合法性，以及大规模制造商品衍生货币的效率的争论开始出现。正如斯泰尔所详述的那样，在文艺复兴时期，查理·杜摩林的理论颇具影响力。他认为，货币除了根据其金属成分确定的特定价值，还可以有“指定价值”。然而，要使这一体系发挥作用，“人民的同意和使用”是必不可少的。杜摩林认为货币不应该与其商品价值完全分离，他认为货币完全分离于其商品价值的观点是“非理性且荒谬的”。但他发现，商定了价值的硬币可以减少法律纠纷。在同一时期，意大利数学家赫米尼亚诺·蒙塔纳里认为，不同国家可以在它们认为合适的时候制造货币，但如果它们要与其他国家进行贸易，则其货币价值必须达到一定的含金量和含银量。

在大西洋的另一边，实际问题推动了国家货币的演变。早期的美国货币是出于对不同货币体系的标准化需求而产生的。当时，纯度不同的金币和种类繁多的外国硬币混杂在一起流通使用。[16]集中化货币可以用来收税，并将各殖民地联系在一起。1690年，马萨诸塞州是第一个发行纸币的殖民地。纸币被用来向农民发放贷款，他们可以用这笔贷款在未来的税收中进行交易。这增加了殖民列强的可信度，因为在没有贬值的情况下货币的使用在不断增长。

于是，国家开始逐渐涉足货币业务。但是随着国家对社会影响力的扩大，将国家发行的货币价值“锚定”到一个共同标准上的需求也在增加。1816年的《铸币法案》确立了一项原则，即国家发行的纸币可以与黄金价值挂钩，并且可以“见票即付”，兑换成黄金。这一演变既是技术驱动使然，也是权宜之计。铸造这些代币（及防伪）的技术直到这个时期才出现，这是该法案直到那时才通过的一个关键原因。

越来越多的国家纷纷效仿。1871 年德国通过了金本位制，1873 年美国也通过了金本位制。截至那时，金本位制巩固了英国的权力，使英国成为世界银行家，同时伦敦成为全球金融中心。许多外国政府在伦敦开设了银行，这样它们就可以很轻松地使用黄金进行交易。关键是，英国从未真正承诺要遵循金本位制。相反，公众建立了一种信任，认为银行和政府会在需要时采取行动，让货币膨胀或紧缩，以保护他们免受价值变化的冲击。公民看到了将货币估值控制权让给政治和金融机构的好处。去中心化的和使用不同货币的时代已经结束了。

黄金并不完美，仍然易受冲击。例如，1849—1851 年，大量黄金被发现导致其价值下跌。然而，没有任何一种货币能像黄金那样带来如此高水平的稳定性和国际一体化的程度。实际上，各国政府都放弃了货币控制中的一部分“主权”，希望确保经济稳定。正是这种稳定性的衡量标准，使金本位制一直沿用到 20 世纪。

尽管金融系统在这一时期保持稳定，但是有几种趋势导致了从金本位制向政府发行和控制货币的转变——或者从可以兑换成黄金的信用货币向只能兑换成同类货币的法定货币的转变。

世纪之交，各国政府持有大量黄金储备，并越来越倾向于将其投入使用。当它们确实将更多的黄金投入流通时，就无法再保证它们的货币可以兑换成黄金。此外，一旦政府控制了纸币制造，它们就可以为了自己的利益而贬值货币，它们只需要得到政治和财政许可，而不需要征得平民的同意。各国政府面临着来自出口商、债务人和金矿矿工等多方面的压力，这些人会从货币贬值或通货膨胀中获益。将货币估值的决定权从商品价值转向国家，导致了权力的滥用。斯泰尔认为，“这是信用货币体系面临的根本性难题。它运作得越好，转向法定货币体系的逻辑就越不可抗拒”。因此，世界各地政府开始消耗黄金储备，用美元或英镑取而代之，而美元或英镑也应该由一定比例的黄金储备来支持。

尽管一些经济学家认为，如果政府没有通过扩大信贷进行干预，经济大萧条就不会波及范围这么广。但其他许多人，包括费希尔和凯恩斯在内，都将此归咎于金本位制，并将经济主权视为解决经济崩溃难题的方法。这种主权将使一国经济不受经济波动、国际市场混乱和不可预测性因素的影响。

到20世纪中叶，布雷顿森林体系大致确立了美元作为全球货币标准的地位。外币可以兑换成美元，美元可以兑换成黄金。为了维持这种与黄金价值日益脆弱的联系，美国被要求仅持有其货币价值25%的黄金。但到了20世纪60年代，美国的黄金供应已经少到无法满足这一可兑换要求的程度。1971年，美国完全解除了美元与黄金“挂钩”。

于是，货币与稳定的商品价值脱钩的时代开启了。各国政府现在不得不将本国货币与本国储备货币挂钩——或是本国货币或是美元。这产生了双重后果：它使货币及其价值的控制易受国家权限之外因素的影响；与此同时，它赋予了金融政策制定者巨大的权力。

关于国家控制货币的智慧和有效性还有很多争论，受本书篇幅所限，不能一一详述。然而，不容置疑的是，国家对货币的控制权赋予了政府巨大的权力，因此可以控制国民经济和生活。这往往是一件好事，在民主社会中，有许多办法可以赋予这种权力以权威性和合法性。无论是通过美国金融危机、欧元崩盘、希腊和阿根廷的国家违约，还是各国货币与国内资源市场联系的日益不稳定，对于一些国家来说，控制货币价值和货币稳定的可信度和能力都在减弱。

欧元动荡的历史就证明了这一点。在许多方面，欧元的诞生是基于这样一种理念：货币控制与权力密不可分。人们认为，欧元不仅能够促使欧洲国家之间贸易关系正常化，加速欧洲整体进入全球市场，促进欧洲与全球市场一体化，而且能够使欧盟这个共同政治体系的权力合法化，真正巩固战后和平。

在一篇名为《欧元为何失败以及它将如何生存》的文章中，佩德罗·施瓦茨指出，欧元被设计成具有类似于金本位制的作用，即它很难贬值，但仍能保持一定的灵活性。它基于这样一种理念：经济会适应价格变化，不受货币政策的操纵。这表明了对货币主权概念的真正背离，也是对战后国家货币的背离。[17]

要想加入欧元区，各国必须同意在加入欧元区后的两年内保持与欧元相同的汇率（在一定范围内），使通货膨胀和利率接近那些表现最佳的成员，保持赤字低于本国国内生产总值的3%，并将债务控制在国内生产总值的60%以下。各国必须遵守最后两项规定，才能继续成为欧盟成员。或许最重要的是，只有万不得已的时候，发行货币的央行才能提供借贷；央行应在必要时向商业银行提供帮助，但利率很高。

在应对希腊、爱尔兰、西班牙和葡萄牙的金融危机时，这一规则多次被打破。欧盟领导人试图通过设立紧急财政援助基金来拯救正在衰落的国家，而不是将它们逐出欧盟，这导致许多经济学家将危机归咎于没能与欧元挂钩的中央政府，而不是糟糕的政策决定。对这些经济学家来说，国家和货币控制之间的概念关系仍然没有改变。但我们应该注意到，创建欧元背后的部分政治动机是为了加强欧洲国家之间的联盟。换言之，欧元的诞生并非出于民族主义动机，而是出于区域和地缘政治动机。正如本杰明·科恩所言，“尽管协议坚持正式立法和黄金法则，但同样的根本缺陷依然存在。最终，主权政府仍然掌握着自己的财政政策，这意味着，如果到了紧要关头，该协议的约束很可能是无法执行的”[18]。

虽然有些人想象，欧元能作为世界储备货币与美元抗衡（石油输出国组织实际上在欧盟成立之初试图做出这一转变，这种转变将进一步表明货币控制和地缘政治力量之间的联系），但目前这是不可能的。但是，基于美国的经济表现和不断增长的国债，美元确实也很不稳定。

真正的问题是这个体系能持续多久，也许更重要的是：什么会取代这个体系，以及哪些可以作为替代？正如斯泰尔所指出的，“美元最终只是另一种货币，支撑它的唯一信念是，其他人在未来愿意接受美元，拿它换取在过去能购买的同样有价值的东西。这给美国政府机构带来了巨大的负担，它们需要向人们证实这种信念的可靠性。令人遗憾的是，这些机构无法承担这一重任。尽管美元作为全球货币的作用正在不断增强，不顾后果的美国财政政策却正在削弱美元的地位”。

因此，加密数字货币的活动人士登场了。

· · ·

有些人曾试图回到信用货币和金本位制时代，但受到了美国法定货币体系的沉重打击。1998 年，伯纳德 · 冯 · 诺特豪斯尝试开发自己的货币。他开始用金、银、白金和铜铸造硬币，并称之为“自由美元”。[19] 硬币所有者收到了代表其所持硬币的电子证书，这些硬币被储存在艾奥瓦州的一个仓库里。

2009 年，伯纳德 · 冯 · 诺特豪斯被指控“谋反”，当时大约有 25 万人持有“自由美元”证书。[20] 2011 年 3 月 18 日，他被判“制造、拥有和出售自己的硬币”的罪名成立。[21] 尤其是他被发现违犯了《美国法典》第 18 编 486 条时，该条款规定：“除非获得法律授权，任何人制造、使用、流通或试图使用、流通任何用作流通货币的金、银或其他金属或金属合金的硬币，凡与美国硬币或外国硬币或其原始设计图案相似的，均应根据本条款处以罚款或监禁 5 年以下，或并处。”

另一次早期的数字货币尝试是由一位名为道格拉斯 · 约翰逊的医生进行的。他所使用的电子黄金是一种与世界各地储备的黄金价值挂钩的电子货币，它允许人们进行数字匿名国际交易。电子黄金引起了美国司法部的注意。2007 年，约翰逊和两名同事被指控洗钱及从事非法业务。时任联邦调查局网络部门助理主任的詹姆斯·芬奇说："新型电子货币系统的出现增加了犯罪分子（可能还有恐怖分子）利用这些系统在全球范围内洗钱和转移资金的风险，使他们得以逃避执法审查，规避银行监管和报告的风险。"[22]

比特币是首次意义非同寻常的尝试成果，它借鉴了计算机科学家戴维·乔姆 1982 年的一篇论文的观点，创造了一种匿名的、加密安全的数字货币。[23] 之前的数字货币都是由贵金属支持的，而比特币是完全数字化的。尽管人们试图找到比特币的创造者，即化名为中本聪的匿名计算机程序员（或程序员团队），但任何国家都无法对他（或他们）强制实施法律制裁。比特币网络的加密身份和点对点网络结构意味着：关闭部分系统并不会使整个系统瘫痪。

2013 年英国迪莫斯智库一份报告的作者认为，"在这种去中心化的系统中，数字硬币的铸造、货币的监管和欺诈的预防都基于大众参与，这使得比特币独立于传统的金融机制或任何集中的控制之外，这是其他电子现金系统永远无法做到的"[24]。

比特币不仅是一个超越早期实验的技术飞跃，还是一个更加明确的政治计划。早期的比特币爱好者和开发者认为，比特币是数字自由主义的一种体现，也是反对国家控制货币的一种手段。中本聪没有委托政府、中央银行和金融机构来控制货币，而是建立了一个系统，通过解决复杂数学问题的分布式计算机网络来保证和跟踪金融交易。

中本聪称，比特币是对 2008 年金融危机期间金融体系暴露的内在缺陷的回应。虽然早期国家控制的货币需要并且得到了用户（或公民）的信任，但中本聪认为，依赖于对国家或金融机构信任的体系从本质上来说是不稳定的，人们不再信任国家来维持货币的价值。在一篇关于比特币的早期文章中，他提出了一种技术解决方案：

> 我们需要的是一个基于加密验证而非信任的电子支付系统，它允许任意自愿的双方直接进行交易，而不需要可信的第三方。那些在计算上无法逆转的交易可以保护卖方免受欺诈，而常规的第三方托管机制则可以轻易地实施，用来保护买方。[25]

如何创造一种没有物理属性的、匿名的、不与任何东西的价值挂钩的货币呢？

从本质上讲，比特币只是一个列表。它是一个共享的会计分类账簿，由一串固定数量的代码组成，其中的每一串都是一个“硬币”，可以购买或交易。正如马克·安德森所描述的那样，“世界上的任何人都可以向另一个人支付任何数额的比特币，只需转移分类账簿中相应的一串固定代码的所有权”。人们只需要输入价值，转移价值，然后接受者得到价值，这不需要授权，并且在很多情况下也不需要费用。[26]

从技术上讲，这个系统有点复杂，特别是它如何用一个巧妙的分布式验证过程取代一个中央权威机构来保证交易的安全性。金融记者蒂姆·李简要地描述了这一过程：

> 每当有人进行比特币交易时，该交易的记录就会提交给网络中的各个节点。每隔一段固定的时间，各个节点都会把它收到的所有交易打包成一个称为“区块”的数据结构，然后与其他节点竞争，以解决一个以区块作为输入信息的复杂数学问题。第一个解决问题的节点（问题是随机的，每个节点都有大致相等的机会）向其他节点宣布它已成功解决问题。这些节点会证实新区块中的所有交易遵守了比特币协议中的所有规则，并且验证该数学问题的解决方案是正确的……一旦找到一个获胜的解决方案，所有节点就会将获胜节点区块中编码的交易作为全局交易记录中的新记录保存下来。[27]

因此，交易的安全性是由解决复杂数学问题的分布式计算机网络来保证和跟踪的。无论哪台计算机解决了问题，它都会得到奖励，而解决问题的行为确保了交易的安全性。作为对解决数学问题的激励，网络中的每个节点都可以因成功解决问题而给予自己奖励。如果该节点是第一个解决问题的，它就会额外“铸造”固定数量的比特币（目前设置为 50 个）。解决其中一个问题的奖励每 4 年减半，从而限制了新开采的比特币数量。在这种模式下，需要大约 100 年的时间才能达到大约 2 100 万比特币的总数。

比特币用分布式网络能力取代了国家监管。这种网络有适当的激励手段，可以确保货币不会被复制或二次使用。如果你花了一个比特币，那么它是无法被退回的。虽然比特币的价值不与实体挂钩，但它也不是纯粹的法定货币，因为流通中的比特币数量不能被任意控制。不同于美元，新的比特币既不能印制，也不能为了调整货币的价值而退出流通。货币的价值是由以下因素共同决定的：支付总量、解决问题过程中产生的新货币，以及对其未来价值的推测。因此，比特币在某种程度上处于商品和法定货币之间，这一属性是重要的批判性议题，稍后将对其进行讨论。

比特币有一些显而易见的实际用途，首先是商业服务。例如，技术专家克里斯·迪克森认为，比特币可能会使银行降低信用卡和借记卡的使用费用，并减少对零售网点销售终端收取的高额交易费用。[28] 高达 5% 的手续费会占据很大一部分的收益，尤其是对利润低的企业来说。同样，马克·安德森认为，比特币的低交易成本可能会促进在线小额支付，或许最终会促成高效的在线内容营销市场。比特币的这些用途可能使银行业的利润流失，但即使这些用途被广泛开发，它们也不太可能促成权力的革命性转变。

比特币还可以用于汇款。举例来说，在国外工作的肯尼亚人每年通过西联汇款和速汇金等服务汇回国内的资金约为 12 亿美元，每笔交易都会扣除大量费用——每笔 200 美元的转账扣除 10~17 美元的费用。[29] 一家名为 BitPesa（又名 AZA 集团）的新公司将允许通过比特币进行转账，并收取很少的手续费。随着这一市场的发展，资金可以在全球范围内进行转账，几乎不需要任何成本。这种模式正在扩展，据此比特币转账可以通过移动支付钱包 M–PESA 进行。M–PESA 是一种被广泛接受的、通过手机操作的货币转账系统。M–PESA 在肯尼亚有超过 1 800 万用户，它正在计划整合比特币。

在比特币基础设施上可以开展一系列新的服务。比特币的核心是允许互联网上的个人以安全、匿名且可靠的方式将特有的数字财产转移给其他人。安德森认为，多种形式的数字财产都将受益于这个网络，包括“数字签名、数字合同、（实体锁或在线储物柜的）数字钥匙、汽车、房屋等实体资产的数字所有权、数字股票和债券”[30]。

基础的比特币分类账簿系统也可以被视为一个平台，在这个平台上可以建立大量的服务和工具。[31] 例如，安德森设想物联网（例如，连接到互联网上的家用电器）将把比特币作为一种购买方式。每个家用电器在分布式比特币分类账簿上都有一个身份，可以自动管理其购电交易。

但这些商业公用事业真的是比特币力量的极限吗？与许多早期比特币采用者提出的愿景相比，这种观点对比特币的革命性潜力的认识当然要有限得多。加密数字货币的潜力是什么？它会对国家权力的合法性构成威胁吗？

· · ·

加密数字货币遇到了一些批评的声音。随着比特币的价值在 2013 年末飙升，从不到 200 美元上涨至 1 000 美元的峰值，它突然成了大众热议的话题。经济学家泰勒 · 考恩认为，比特币匿名性的价值意味着，有理由向比特币的原始发行者缴纳一次性铸币税。不过，在某个节点上，这个系统将在没有附带比特币的情况下得以复制，这意味着法定货币的价值将跌至接近零的水平。[32]

在一篇题为《比特币、奇幻思维和政治意识形态》的文章中，计算机程序员、作家兼天使投资人亚历克斯·佩恩认为，比特币是硅谷无限的技术乐观主义与经济市场现实之间脱节的标志。[33]他认为这种技术的繁荣是一种自由意志主义意识形态，这种意识形态并不关心如何解决使人们陷入贫困的结构性体系问题，而是完全专注于使社会脱离国家的控制。他认为，应该用关注社会服务取代这种幻想，因为社会服务能"有意义地、可问责地提高我们的集体生活质量"。查利·斯特罗斯进行了更深入的探讨并提出，[34]比特币只是富人逃税的另一种形式，这进一步削弱了国家提供社会服务的能力。

科技和金融记者蒂莫西·李指出了欺诈勾结的可能性。如果一个个人用户向系统中添加100个比特币作为解决问题的奖励，而不是标准的50个比特币，则这个人将被网络拒绝。但如果一群"流氓"节点决定串通起来，接受这一奖励，它们就会创建一个给予更高奖励的新社区。大量用户可能串通一气，有效地改变比特币的规则。这种勾结在技术上是可能实现的，而且随着人们对比特币商业兴趣的增加，这种可能性也越来越大。[35]

比特币可能是一个泡沫。它的地位介于商品和货币之间，同时，它的可替代性使其易受极其不稳定的投机活动的影响。正如财经记者菲利克斯·萨尔蒙所指出的那样："比特币既是一种商品，又是一种货币，这种状况很难维持，因为它既要受稀缺性规则的支配，又容易受到投机性攻击。”[36]没有央行来监管比特币的价值，也没有一种机制使它膨胀或紧缩。虽然在生产和存储成本保持稳定的情况下，从理论上讲商品可以保持价值稳定，但这并不一定是事实。随着计算能力的不断变化，未来挖掘比特币的成本仍然是不确定的。因此，比特币目前的价值具有很高的投机性，可能并不稳定。

挖掘比特币还需要付出巨大的环境成本。随着时间的推移，计算变得越来越复杂，运行发电机所需的电力也随着计算能力的飙升而增加，这只会增加环境成本。以单价 1 000 美元的估值计算，每年运营采矿生态系统所需电力的碳排放量估计为 850 万吨，占全球温室气体排放量的 0.03%。[37]

比特币有引发恶性通货膨胀的风险。假设一个比特币的价值增加了 99 倍，这意味着以 100 美元购买的比特币将价值 1 万美元。由于社会经济的其他部分不会以同样的方式膨胀，曾经你可以用来购买价值 100 美元商品的比特币（比如在亚马逊上），现在只能购买价值 1 万美元的商品。由于比特币的数量是固定的，所以没有办法阻止比特币价值膨胀。理论上，你可以将数千亿美元兑换成比特币存储起来，但这可能导致经济萧条。菲利克斯·萨尔蒙用下面的话解释了这一含义，“要使经济增长，你也需要使货币量增长，这在基于比特币的系统中是不可能实现的。像美元这样的货币，拥有一个可以随意印钞的中央银行，其成功是有原因的。随着经济的增长，货币的供应必须能够随之增长”。

最后，国家对比特币使用的监管缺失会导致黑市的出现。目前“丝绸之路”就是黑市的例子。针对比特币的批评之词广泛存在。虽然这些批评列举了比特币潜在的负面影响，但它们都没有限制比特币网络的存在。这些批评之声没有也无法关闭比特币网络。这就给那些受到比特币网络激增威胁的国家和机构带来了真正的挑战。正是这一现实激励了许多更激进的加密数字货币的支持者。

· · ·

比特币被想象为国家权力的激进反对力量。尽管人们越来越关注比特币的实际商业用途，而且硅谷对它进行大肆宣传并投入资金，但加密数字货币社区中的分歧越来越大，有些人希望规范其使用，而有些人则坚持认为它具有革命性潜力。后者阐明了加密数字货币的愿景，这种愿景与国家权力及国家权力监管的全球金融体系尤其相关。

“加密－无政府状态”一词最初是由工程师出身的作家蒂姆·梅创造的，用来描述加密技术更广泛使用后可能会导致目无法纪的状态。他认为，加密－无政府状态是“向‘国家出现之前’时代的倒退，那时可由个人选择遵守哪些法律”[38]。

蒂姆·梅认为，“这种个人能力的表现源于技术的支持。这场革命所运用的技术（肯定会是一场社会和经济革命）在过去十年里一直存在于理论中。这些方法基于公开密钥加密、交互式零知识证明系统和各种用于交互、认证和验证的软件协议……但直到最近，计算机网络和个人计算机才达到足够的速度，使这些想法落地”。

一个自称“米塞斯圈”的团体是数字货币的早期支持者，该团体以路德维希·冯·米塞斯的思想为基础，特别关注个人自由。[39] 其认为，“加密–无政府主义不是自由意志主义理论的分支。[40] 它是一种自由意志主义的策略，它是一个行动框架。我们今天拥有的密码工具便宜、强大，而且具有深刻的个人主义色彩。就像没人能拿枪指着方程式一样，密码软件将按照数学规则运行，而不受政府指令的影响”。

许多人忽略了这些浮夸的说法，但这些说法是以加密数字货币的属性为基础的，该属性值得探究。那么，比特币的设计是如何挑战国家权力的呢?

首先，比特币的核心属性是它的匿名性。这就允许进行去中心化的、看似无形的金融交易。或者，更具体地说，它允许在一个高度加密的网络中共享信息。从非常实际的意义上说，这使得新的金融交易形式成为可能。你不需要知道卖家的名字，卖家也不需要知道你的名字。更重要的是，这种匿名性意味着没有交易记录。这给国家对货币及市场的控制和监管带来了问题。正如蒂姆·梅所说，“这些发展将完全改变政府监管的性质，改变其征税和控制经济互动的能力，改变其保守信息秘密的能力，甚至改变信任和声誉的本质”[41]。

其次，比特币可以使人们摆脱政府控制货币的潜在陷阱或风险。例如，比特币在塞浦路斯很受欢迎，尽管它的价值非常不稳定，但政府却不能没收它或阻止将其转移到国外。[42] 同样，如果你生活在一个存在恶性通货膨胀风险的国家，比特币可能是选择退出本国货币体系的合法方式。菲利克斯·萨尔蒙接着说："如果你想保护自己的财富不受国家政府政策的影响，或者不受非正统央行通胀政策的影响，那么比特币可能是一种很好的方式，可以在极其不易被察觉的情况下实现这一目的。"

反过来也是成立的。在比特币网络内部，人们可以免受人为货币通胀的影响（尽管仍受投机性估值波动的影响）。政府管理的法定货币可以通过注入货币的方式来调整估价，使你持有的货币贬值。但比特币没有中央权力机构来改变这种模式，从而允许制造更多比特币。新比特币的制造速度基于一种公开的算法。

这就导致了比特币的第三个属性——去中心化的协作性。事实上，比特币技术本身解决了网络行动的一个核心问题。也就是说，在不依赖任何形式的中央权威机构的情况下，如何在大规模分布式匿名系统中创建共识？简而言之，比特币网络中的每个节点都有一个加密密钥，可以在没有中央权威机构的情况下（通过分布式解决问题系统）进行验证。

技术专家兼作家保罗·博姆认为，这种去中心化的协调行为能力是决定比特币价值的最核心属性，"如果我们越来越不信任中央政府管理基础设施的能力，那么我们可能认为比特币会大幅增值。如果我们对此没有失去信任，即你相信政府能够以集权的形式更好地应对未来的挑战，那么从你的角度来看，比特币就不会增值。让我们拭目以待"[43]。

人们之所以看重这种去中心化的功能，是源于人们对机构的不信任。正如菲利克斯·萨尔蒙解释的那样，这种“内在的对机构的不信任不仅使比特币有别于法定货币，还使它有别于其他虚拟货币，比如脸书的虚拟货币、腾讯的Q币，或者网络虚拟游戏《第二人生》中的林登币”[44]。其他大多数数字货币都嵌入了等级结构和机构的特定利益之中。比特币的存在不受这些限制。

比特币最初就是在这种不信任中诞生的。中本聪声称，比特币已经“完全去中心化，没有值得信任的权威机构”。他解释说，这是由于人们认为传统货币的运作依赖于信任。我们必须相信央行能够保持货币的价值，也必须信任银行能够持有货币，明智地投资，并保护我们的隐私。但历史上对这种信任的违背比比皆是。[45]

这种观点来自加密数字货币的匿名创始人，可能会被视为激进的观点；但实际上，这与2012年沃伦·巴菲特对股东说的话没有太大区别：

> 以特定货币计价的投资，包括货币市场基金、债券、抵押贷款、银行存款和其他工具。这些基于货币的投资大多被认为是“安全的”。事实上，它们属于最危险的资产。在过去的一个世纪里，即使这些资产的持有者仍可及时收到利息和本金，但这些工具还是摧毁了许多国家投资者的购买力。此外，这种危险的结果将持续重现。政府决定货币的最终价值，而系统性操作有时会使政府倾向于造成通货膨胀的政策。这些政策会不时地失去控制。[46]

如果说比特币的设计初衷是为了保护其所有者免受政府控制货币的潜在风险，那么它的设计结构也使其免受国家控制。因为在金融交易中，交易者之间既没有中央权威机构，也没有中间机构（即银行）。这样一来，政府就无法对其交易进行监管。这意味着，交易无法被征税，甚至也不能监控其中的犯罪活动。这还意味着，监督金融交易的国际法律体系变得毫无用处。更重要的是，网络的分布式特性意味着：找到并关闭一个节点，这对更广泛的系统没有影响。就像比特流（BitTorrent）一样，你无法通过关闭某个服务器来让它消失。

如果比特币的数量激增，国家无法获取税收，也不能监管商业活动，那肯定会威胁其目前对金融体系的控制。

· · ·

加密、"货币挖掘"和去中心化验证的结合，使比特币具有潜在的强大能力而难以被控制。但政府可以采取一些措施，以阻碍比特币的广泛使用。例如，政府可以制定法律，将其从美国的在线商务中基本移除。问题是，这项技术越来越容易部署。

马克·安德森等投资者将比特币视为互联网的未来货币，可以实现简单的跨境价值交换。比特币能让汇款业务成为历史，能通过降低在线支付和转账的成本削弱银行的权力，还能为物联网提供本地货币（想象一下你的洗衣机能自己支付电费）。他们希望比特币成为下一个贝宝，所有首次公开发行的潜力将会随之而来。

在这种模式下，第三方服务机构将持有你的比特币（或电子钱包），连接你的银行账户，允许比特币直接转换为政府发行的货币，并通过在线工具和零售终端让人们可以在销售点使用比特币。许多公司目前正在与政府合作，在当前的经济体系内建立这种生态系统。这将是一种更便宜、更有效的消费方式——这是无政府主义者几乎都未想过的。

政府将面临的现实情况是，实现比特币的有益使用，就要以比特币非法使用的激增为代价。因此，政府不可能支持它在金融体系中规范化。没有这种支持，比特币注定无法成为一种主流货币。

不管创业公司是否通过政府来规范它们对于比特币的使用，没有什么能阻止其他公司在这个模式之外存在。每当有一家公司希望成为在线零售商的比特币交易平台，其他任何公司都可能寻求成为下一个“丝绸之路”，或尝试开发革命性货币。

与此同时，“黑暗钱包”等更激进的技术正在出现，与主流比特币工具相比，这些技术提供了更高程度的匿名性。“黑暗钱包”是由一个无政府主义组织创建的，它试图让比特币回归其激进性和革命性的根源。正如推广该技术的一家网站所说，“比特币是对抗超国家政治统治的下一个战场。数字匿名和金融言论自由是在日益缩小的‘自由’的堡垒中仅存的一些工具”[47]。

其他试图破坏国家权力的团体也在使用加密数字货币。美国国家公共广播电台报道，艾奥瓦州奥格拉拉·拉科塔族刚刚推出了民族币 mazacoin，作为使其更独立于美国政府的一种手段。[48] 奥格拉拉人将货币控制视为一种主权行为。

无论比特币本身如何成功以及是否成功，各种替代性货币的颠覆性力量都依然十分重要，我们肯定会看到使用早期先驱技术的新货币出现。

换言之，加密数字货币的属性可以让津巴布韦人保护他们的钱免受恶性通货膨胀的影响，让塞浦路斯人防止政府没收他们的银行账户，让移民工人免费把钱寄回家，或者让你的冰箱自己付账，但这些属性也会让政府无法征税，无法监管国际金融交易，也无法监控有组织的犯罪。

比特币被看作是对国家和货币之间联系的一种回应。它是作为互联网的金融通用语而被发明的——一种基于万维网、为万维网设计，并利用万维网属性的货币。比特币有效的属性使国家感到不安。比特币的属性是匿名和去中心化的，而国家及其与公民的互动都是公开和高度集中的。就其本身而言，比特币允许不受政府控制的行为存在。如果国家失去对公民金融行为的控制，它将面临一场生存危机。因此从表面上看，比特币一定会被视为对国家权力的威胁。

第五章

身临其境

玛丽·科尔文是驻外记者的典范。无论是气质、冒险精神、聪明才智，还是敢闯敢拼的性格等方面，她都被认为是战地记者的化身。在整个职业生涯中，她报道了东帝汶、利比亚、塞拉利昂、津巴布韦、科索沃、车臣、伊朗和伊拉克等多地的冲突。2001 年，她在斯里兰卡被一枚手榴弹炸伤，失去了一只眼睛，此后她一直戴着黑色眼罩。

她一次又一次去往战斗最激烈的地方，冒着生命危险向西欧和北美的报纸及电视观众转播战地新闻。她出入条件艰苦的地方，用深切的同情心讲述关于痛苦、暴力、悲剧和恐怖的故事，赢得了人们的尊敬，也引起他人纷纷效仿。她宛若一扇窗户，通过她的讲述，读者和观众仿佛亲历了这些惨烈的战争。

2012 年，科尔文身处霍姆斯市——一座被巴沙尔·阿萨德武装围困的叙利亚战争前线城市。她是唯一一位亲眼看见这场轰炸的英国记者。她说这是她经历过的最严重的冲突。

科尔文在反对派“叙利亚自由军”的帮助下，通过一条隧道潜入了霍姆斯市。与她一起工作的摄影记者保罗·康罗伊早些时候曾告诉她，“相信直觉，别再进去”。“那是你的担忧，”她回答道，“无论如何，我都要进去。我是记者，你是摄影师。如果你不想再进去，你可以留在这儿。”[1]

2月19日，科尔文向《星期日泰晤士报》提交了她撰写的最后一篇报道。在报道中，她用生动感人的细节描述了霍姆斯市的苦难：

> 在霍姆斯市被人们称为“寡妇”的恐怖地下室里，惊恐的妇女和儿童挤在临时搭建的床和散落的物品中间，两周以来，这座叙利亚城市正在无情的轰炸中摇摇欲坠。
>
> 在被围困的巴巴阿姆尔地区，300个人躲在一个木厂地窖里，一位名叫努尔的20岁女子挤在其中，她的丈夫马齐亚德在轰炸中被炸死了，她的家也被炮弹和火箭炮摧毁了……
>
> 努尔27岁的哥哥阿德南死在了她被炸死的丈夫身边，这双重灾难让她难以承受。“上周在地下室里出生的一个女婴看起来和她19岁的母亲法蒂玛一样惊慌失措。当法蒂玛家的单层房子被摧毁后，她逃到了这里。‘我们奇迹般地活了下来。’她低声说。法蒂玛因受到极大的心理创伤，没有母乳，又买不到配方奶粉，所以孩子只能喝糖水。”
>
> 24岁的艾哈迈德·阿尔–伊里尼被他的姐夫送到了牙医诊所，他躺在一张手术台上，牙医阿里剪开他的衣

服，裸露出他的身体。弹片已把伊里尼的大腿炸得血肉模糊。阿里用镊子从他的左眼下部夹出一块弹片，鲜血喷涌而出。伊里尼的腿抽搐了一下，因失血过多死在了手术台上。他的姐夫一边哭泣一边说："当时我们正在打牌，一枚导弹击中了我们的房子。"伊里尼被送到了一个临时太平间，那里以前是一间卧室。他全身赤裸着，只有一个黑色塑料袋遮盖住了他的生殖器……

每个人嘴边都挂着这样一个问题："这个世界为什么要抛弃我们？"[2]

· · ·

这是一篇人性化的新闻报道，它栩栩如生，使我们仿佛置身其中，亲眼看见并切身感受这场如恶魔般的冲突。它反映了这场战争从个人到地缘政治的影响范围。科尔文为此付出了生命的代价：一个简易爆炸装置炸死了她和法国摄影师雷米·奥奇利克。

科尔文的死令我震惊。不仅因为她的成就独一无二，或者因为她是报道"阿拉伯之春"运动而殉职的一位杰出记者，还因为她将有关"阿拉伯之春"运动的新闻报道，尤其是霍姆斯的报道，以社交媒体实时报道的方式，展现在我面前。以前的战争是在有线电视新闻和报纸上报道的，但"阿拉伯之春"运动却是在社交媒体上实时报道的。事件被现场直播，直播者中既有亲身经历事件的人，也有来自世界各地的观察者。我的推特不断推送着有关该冲突的实时照片和视频，展现着现场生动逼真的细节。

虽然关于社交媒体在“阿拉伯之春”运动中所扮演的角色有很多争论，但毫无疑问，我们许多人都以一种新的方式在实时跟踪这些社交媒体发布的新闻报道。对于突尼斯、利比亚和埃及动乱这样的新闻，主要是通过推特进行报道：要么直接通过公民提供的推文信息，要么通过像美国国家公共电台的安迪·卡文这样的负责人过滤的推文（这些负责人开创了一种虚拟的外国通信的新形式）获得。在叙利亚，在科尔文当时正在报道的霍姆斯轰炸事件中，全世界首次获得了大量用手机拍摄并上传到优兔的实时或近乎实时的视频。

有了这些新的方式，无须西方驻外记者勇敢地（有些人会说鲁莽地）去记录，人们就可以直观地看到这场冲突。视频的拍摄绝对是业余水平，有的是从屋顶上拍摄的，有的是在街道上奔跑时拍摄的，拍摄质量很差。但这是出于本能的、真实的拍摄，是专业人士难以捕捉到的真实瞬间画面。

因此，与科尔文报道的以往战争不同，霍姆斯的轰炸以及“阿拉伯之春”运动的大部分事件，都是通过一系列新技术来观察和记录的。所以也许我们不需要玛丽·科尔文和雷米·奥奇利克来见证霍姆斯的轰炸。当然，他们提供了一种非常不同的视角——科尔文用生动的散文，奥奇利克用美丽而恐怖的图像，描述和展现了人们对这一冲突及其他冲突的真实感受，他们以一种让有相似背景的西方观众和读者能够理解的方式报道这场战争。但如果业余人士能更生动且真实地描述和展现冲突，那会怎么样呢？这样就不再需要驻外记者了吗？这将如何改变西方国家对战争的理解和反应呢？

或者，如果我们能够身临其境地体验战争期间在霍姆斯的感觉，那会怎么样呢？丹枫·德尼斯是一位屡获大奖的摄影记者和纪录片导演，10 年来他一直致力于冲突报道。他对照片和视频的局限性，尤其是因不能淋漓尽致地描述和展现真实事件的全貌而感到沮丧，于是他离开新闻业，创办了一家名为“一号条件”的公司。该公司开发了一款原型虚拟现实摄像机和头戴式耳机，可以让佩戴者沉浸在 360 度三维视频环境中。它还有一个应用程序，允许用户通过使用 iPad，在三维环境中移动。德尼斯说，他希望能够更好地传递“身临其境的感觉”，并“缩小所发生事件的新闻报道与我们身临其境的感觉之间的情感差距”。最近，虚拟现实新闻业实验中使用了 360 度三维摄像机和 Oculus Rift 头戴式耳机，其中包括一个我在哥伦比亚大学参与的项目，还有一个名为“秘密地点”的互动媒体公司，以及一档调查纪录片栏目《前线》，这些都在挑战沉浸式新闻报道的体验极限。

萨姆·格雷戈里是人权非政府组织——“见证者”的联合主任，他认为直播视频拍摄通过谷歌智能眼镜等可穿戴的计算机，以及同步多感官体验，可以创建一种沉浸式体验，让我们产生情感连接，与他人共情，从根本上改变我们对彼此的理解。他将这种体验称为“永远的共同存在”，将其定义为“利用与远程环境中的他人在一起的感觉，推动具体的、富有成效的行动，跨越地理障碍、排斥现象和时区差异，参与其中并相互理解”[3]。格雷戈里正在研究如何利用实时目击来支持行动主义，倡导人权并保护人权捍卫者。他的这些想法是对的。一个加拿大心理学家团队最近的一项研究发现，虚拟现实创造的社交存在感可以产生与现实社交存在感一样的同理心。[4]

我们肯定会看到带有摄像机和麦克风的虚拟现实技术和系统的激增，这些技术和系统包括便宜的小型无人驾驶飞机。这类技术尚处于早期阶段，我们当然不知道它们是否有助于我们了解事件，或者是否会改变我们对事件的反应。但它们肯定会改变记者以及记者背后媒体机构的角色。国际报道远非见证那么简单！像科尔文一样的记者对事件进行解读，并从纷繁的信息中甄选出有价值的新闻。这两种角色都更难以被技术取代。既然科技可以使我们置身于世界的各个角落，那还要驻外记者做什么？难道玛丽·科尔文的死毫无意义吗？

· · ·

1787年，埃德蒙·伯克在英国下议院发表演讲，讨论向媒体开放议会的益处时，提出了“第四等级”的概念。从那时起，无论是伯克定位媒体为对抗议会民主制三大支柱的力量，还是两年后美国宪法第一修正案的签署（保障了新闻自由的权利），抑或是50年后托马斯·卡莱尔支持新闻界与法国教会、贵族和市民抗衡，都表明“第四等级”已成为国家权力的制衡力量。

整个19世纪，新闻界的能力、影响范围和力量都随着科技的进步而发展起来。1858 年第一条横跨大西洋的电缆铺设成功，将欧洲和美国之间的通信时间从 10 天缩短为几分钟，改变了读者对世界的认识。印刷业的发展促成了许多小型报纸的诞生，这些小型报纸构成了一个真正去中心化的媒体生态系统，通常服务于小到一个街区或一个街角的读者群体。19 世纪 90 年代，美国有 14 000 多份周报和近 2 000 份日报。20 世纪初，随着西方社会的工业化，新闻界也蓬勃发展起来——报纸规模更大；广播电台和电视台紧随其后，服务于兴趣更广泛、规模更大的受众。

制度化的媒体与政府之间的关系一直令人担忧。在某些情况下，国家会资助广播公司，比如英国广播公司或加拿大广播公司，但要求它们与资金提供者（即国家）保持紧密联系。独立的媒体企业在国家政策中也扮演着复杂的角色。在一则关于媒体的传说中提到，1897 年，一名记者被派往哈瓦那报道美西战争，当威廉姆·兰道夫·赫斯特获悉该记者最初发回的报道表明局势平静后，他回复道："请继续留在那里。你来提供照片，我来提供战争。"由于媒体的煽动作用，美西战争通常被称为黄色战争。尽管如此，美西战争仍是第一次受到广泛报道的冲突，美国人每天都在报纸上关注事态的发展。

直到最近，我们在很大程度上还依赖驻外记者来见证战争。在整个 20 世纪，驻外记者为了获得采访机会以及得到国家武装分子的保护，放弃了自身的独立性。嵌入式新闻报道让我们能够进入一场"为我们而战"的战争中。但是这样做是需要付出代价的，因为记者们被战争一方的部队保护着。在《嵌入式新闻的危险——战争和政治》一书中，国家安全记者戴维·伊格内修斯展示了第一次海湾战争后，记者如何与军队接触，以便更广泛地进入战区，从而扩大他们的报道范围。军方同意了这一安排，因为媒体提供了一种使公众舆论向他们倾斜的手段，并让他们掌控话语权。

这种嵌入式报道是要付出代价的。美国军方明目张胆地试图利用嵌入式记者来改变公众舆论。正如一份关于嵌入式新闻报道的军事指导文件所述，“媒体对任何未来行动的报道，都将在很大程度上塑造公众对国家目前和未来几年安全环境的看法。这不仅适用于美国公众，还适用于盟国公众，以及我们在其国内开展行动的外国公众。盟国公众的意见会影响我们联盟的持久性，外国公众对我们的看法会影响我们行动的成本和持续时间”[5]。

记者和支持他们的媒体机构都有过失。嵌入式记者从自己的视角报道事件，但他们经常进行自我审查，目的是让自己撰写的新闻报道更容易被观众接受或是可以保护与他们同行的士兵。此外，采访显示，嵌入式记者会更专注于从自己的视角，而非从一个更广泛的视角报道事件。事实真相变成了“他们的事实真相”。

另外，编辑也有自己的主观视角。他们希望这些报道既刺激又有趣，以便与其他新闻媒体和杂志竞争，但又不要太真实，以免令观众反感。编辑还把嵌入式报道与来自美国的“二手”记者的报道结合起来，以呈现一个平衡的视角。[6]

最终的结果是，嵌入式新闻报道往往有助于媒体和军方之间建立一种互惠互利的关系。也许更令人担忧的是，这导致越来越多的观众或读者对外国冲突漠不关心，美国人对暴力变得麻木不仁。记者广泛进入战区报道的最终结果是公众参与度降低。

作为全球事件的见证者，驻外记者有权亲临现场。安南堡传播学院的教授巴比·泽利泽认为，亲眼看见是国际新闻的一种重要传统价值。在国际报道中，这种亲眼看见与记者的主观倾向和观众对实地报道的期待相结合，会产生重大影响。但是，泽利泽声称，这种目击者的角色“以一种存疑的方式增加了新闻权威”，因为这“有助于使新闻在大众的想象中合法化，但这种合法化只是通过新闻行业的部分实践形成的”[7]。

国际记者拍摄的图像具有说服力和权威性。图像和视频往往传递一种不可否认的“真相”，或一种“身临其境”的感觉。从这个意义上说，驻外记者代表着“世界主义”的价值观，同时也代表着自己的文化对世界的看法。这样的价值观和看法相结合，就允许公众“看到”发生在国外的事件——但是以本国的文化背景和视角来观察的。

驻外记者的目标是以国内读者熟悉的视角报道国外的情况。因此，来自记者本国的模式化观念和国内的关注往往会影响对有价值新闻的选择。通常，记者只有几分钟的广播时间，所以在有限的时间内预设国内的关注点是一种挑战。

与此同时，线上新闻消费的增加和收入的减少，导致了国际新闻的经济变化，进而导致了国际新闻采集量的大幅减少。由于经营国外分社开支庞大，尤其是随着技术的进步，一个记者可以同时担任摄像师、摄影师和现场记者，因此世界范围内的许多新闻分社都被关闭了。在没有媒体公司支持的情况下，个人目击者和记者都可以通过手机进行新闻报道。其结果是，权力从传统媒体公司以及与这些公司关系十分密切的国家转移到了公民报道、新一代数字原生记者和与旧网络截然不同的新闻机构。关键在于，他们在何种程度上履行了驻外报道的职责——是做证、提供背景，还是在各种纷繁的信息中找到有价值的新闻内容？

· · ·

在新旧媒体缓慢交融的过程中，一个不和谐的突破性因素是“维基解密”的出现。“维基解密”是一个允许揭秘者匿名、安全上传敏感和揭秘性信息的网站。“维基解密”在许多方面体现了其颠覆性力量的属性：它是匿名的，它促进了对传统机构有负面影响的信息发布，它寻求在全球规范之外运作。它也希望被看作一个新闻组织。

最初，“维基解密”被其他新闻机构视为一个网络活动人士组织，是信息的来源，但在2010年，它开始努力将自己的形象转变为一个合法的新闻企业。关于“维基解密”是否可以被视为一个新闻组织的争论，始于它发布的第一条重要新闻——《间接谋杀》，其中详细描述了美国直升机如何袭击在伊拉克的地面记者。“维基解密”在自己的平台上发布了这段视频，同时还雇用了专业记者进行调查报道。传统的新闻媒体不承认“维基解密”的合法性，于是“维基解密”在没有任何编辑性的注释或与国际新闻组织合作的情况下，重新开始发布文件。“维基解密”在使用数字技术公开政府机密方面显然具有“创新”精神。

2010 年 11 月 28 日，“维基解密”公布了历史上数量最多的一批机密材料，详细记录了 1966—2010 年美国各领事馆、大使馆和使团之间的通信情况。“维基解密”的数据来自一名 23 岁的驻伊拉克美军列兵，名叫布拉德利·曼宁。（曼宁后来接受了变性手术，由男性变为女性，改用切尔西·曼宁这个名字。）曼宁并不是第一个在战争中因目睹虐待行为而被困扰的下级士兵，但由于美国军方数据共享系统的性质和“维基解密”提供的服务，她泄露了大量敏感数据。曼宁最终被指控 22 项罪名，包括协助和教唆敌人，并被判处 35 年刑期。

“维基解密”最初与受人尊敬的新闻媒体合作开展“电报门”（Cablegate），这在很大程度上是为了使其合法化。虽然“维基解密”的主编朱利安·阿桑奇认为他自己也是一个出版人，只是碰巧泄露了源文件，但很明显，与其合作的其他新闻组织却从未把“维基解密”视为它们的同行。对它们来说，“维基解密”是一个很难分类的组织。“维基解密”最初与美国《纽约时报》、德国《明镜周刊》和英国《卫报》合作发布新闻，但在 2010 年，《纽约时报》声称，“维基解密”更多地被看作一个“消息来源”，而非合作伙伴。

但是“维基解密”公布数据和《纽约时报》公布泄露文件的行为有什么区别呢？“维基解密”是虚拟的，其过程的核心元素由技术支持。然而最近，像美国《纽约客》和英国《卫报》这样的传统媒体组织也运用了类似的匿名文件上传工具。

丹尼尔·埃尔斯伯格曾公开支持将“维基解密”视为一个合法的新闻企业，他在越南战争期间将五角大楼文件泄露给了《纽约时报》。“如果有人坚持认为‘维基解密’与《纽约时报》不同，它不是合法的新闻企业，”他说，“那纯属白费力气。”[8]就像越南战争期间美国政府试图压制媒体对五角大楼文件的报道一样，现在它又试图使“维基解密”非法化，并对它进行压制。在越南战争期间，因为记者使公众相信政府行为不当，所以政府失去了公众的信任。就“维基解密”而言，政府似乎在一定程度上成功地使朱利安·阿桑奇和他的同僚在公众眼中失去了合法性。[9]

不管贴上什么标签，毫无疑问，“维基解密”和其他类似的技术都对传统新闻机构构成了挑战。传统的新闻机构在其展现的事件、当权者和公民之间发挥了缓冲作用。西方社会历来认为这一作用对我们的治理体系很重要，因此我们将某些权力和责任赋予了新闻业。我们传统上通过广播电缆和印刷分发渠道给予它们传播信息的权力；在某些情况下，它们从法律上有权保护其消息来源和持有非法文件，并期望编辑利用信息来造福社会。现在，如果任何人都可以泄露信息，那么新闻机构的作用是什么？我们提供给它们的法律和监管保护还有什么作用？

数字媒体打破媒体、公众和国家之间传统壁垒的例子比比皆是。罗马教皇方济各使用 @Pontifex 这个账号直接与他的

470 万推特粉丝交流。新闻网站 ViceNews 和 Buzzfeed 从战区前线以一种仓促的、第一人称的方式进行报道，吸引了千禧一代的观众。爱德华·斯诺登将美国国家安全局的文件泄露给了居住在巴西并为《卫报》撰写博客的记者兼法律活动人士格伦·格林沃尔德。斯诺登说，他之所以选择不将美国国家安全局的文件泄露给《纽约时报》，是因为《纽约时报》曾应白宫的要求，决定不刊登 2004 年大选前美国国家安全局的国内监控报道。但是如果斯诺登把这些文件发布在他哥哥网站上的一个博客上，那会怎么样呢？如果他把这些文件张贴在自己的网站上，又会怎么样呢？

易贝网联合创始人、亿万富翁皮埃尔·奥米迪亚曾考虑收购《华盛顿邮报》，结果却转而把收购所需的约 2.5 亿美元投资于一家新的媒体实体。格林沃尔德是奥米迪亚的首批雇员之一，他认为这是对传统的新闻机构的直接挑战。格林沃尔德说，法律活动人士和持不同政见者“都被置于机构权力之外，因此他们确实能够创建一个资金雄厚、实力强大、坚不可摧的机构。这种机构的存在不只是为了与传统的新闻业共存，而是为了使它能够发挥作用，保护它，加强它，并赋予它权力”[10]。

约凯·本克勒认为，“维基解密”等新的数字机构是网络化第四等级的一部分。数字技术新工具赋予了公民和记者权力，本克勒认为“维基解密”“迫使我们自问，我们是否对互联网创造的民主化的实际形态感到舒适”[11]。网络化第四等级具有很强的适应性，这是传统媒体公司所不具备的。它们跨越多个管辖范围，运行镜像网站（不同服务器上的网站副本），因此很难被任何一个政府关闭。它们诸多的网络支持者愿意通过分布式拒绝服务攻击等措施来保护它们。它们使用雇佣兵战术，比如持有未经编辑数据的“保障”文件，威胁说如果被起诉就要发布这些文件；它们还定期变异和复制，使得攻击任何一个网站都是徒劳的。简言之，它们既颠覆了传统的媒体机构，也颠覆了这些媒体机构背后的国家。

· · ·

如果是 30 年前玛丽·科尔文在叙利亚做报道，那么她可能是唯一的声音，我们只能从她的散文中得知爆炸的消息。如果是 20 年前，她可能会利用有线电视网络，从那里一个被炸毁的酒店通过卫星进行广播。而 2012 年，她独自一人在那里工作，与其他一小群专业记者以及成千上万公民一起，把他们的报道上传到推特和优兔。我们以一种新的方式获悉这场冲突的信息，因为公民可以与新闻机构的记者一起为世界记录这场冲突。

但这对我们之前详述的现有权力结构和传统媒体生态系统的实践规范有什么启示呢？数字媒体如何改变国际新闻业以及我们对世界的理解呢？

大型媒体机构通过三种手段控制着全球信息环境：获取信息、拥有基础设施和创建新闻规范。在上述每一个领域中，数字技术都在挑战由国家和企业共同利益驱动的控制权，而该控制权长期以来一直在塑造媒体叙事的方式。

在历史上，媒体有很多方式来控制、限制和塑造信息的获取途径。其中一些途径与它们调动资源的能力有关——例如，当记者被派往战场时，媒体和政府的互利关系。政府允许媒体获得公众无法获得的信息。因此，媒体进一步扮演着守门人的角色，决定什么是新闻，什么不是新闻。

媒体“索引”的概念有助于进一步阐明这种关系。在《论美国新闻与国家关系理论》一书中，政治学家、传播学教授兰斯·贝内特认为，政府在公共辩论的结构中占有特权地位，它提供了信息获取的途径，并为政策辩论提供了信息素材。然而，他认为，媒体根据政府的立场决定什么是重要的，从而放大了政府特权地位的影响力。例如，在媒体报道美国前总统里根努力为萨尔瓦多的一场战争提供资金时，贝内特发现，媒体围绕政府的正当性来报道局势。在国会停止辩论后，媒体对当时政治局势的报道明显减少了。当官方停止对此事发表评论时，媒体也停止了评论。这种基于所获取信息的“索引”是由政府在民主社会的中心地位和新闻的平衡规范驱动的。因此传统上，针对哪些辩论内容应该向公民报道，以及如何报道这些辩论内容，政府和媒体都发挥着重要作用。

过去，如果人们要向全世界讲述一个事件的经过，他们既需要在现场，也需要有传播它的平台。这意味着，在事件发生时，记者最有可能出现在现场。当然，也总有其他人在那里，只是他们没有能力传播所看到的事件。直到近年，随着互联网和移动计算的发展，信息的获取才不再被垄断。非专业记者和公民通过在正确的时间出现在正确的地点，来寻找他们自己的故事。这些目击者的描述不一定能帮助我们理解事件及其背景，但它们确实把我们带到了那里，使我们仿佛身临其境。很明显，他们的视角既没有专业新闻的距离感，也没有试图追求新闻业所期望的客观性。

传统上，主流新闻媒体控制着信息的大众传播。单一新闻机构拥有报纸、电视网、广播电台等多个平台的所有权，能够迅速有效地传播自己的声音。这种安排也起到了屏蔽其他声音的作用。在传统上，发行渠道和编辑内容制作之间存在一定的联系，而媒体对什么信息可以在各种网络上传播有一种结构性的权力。因此，某些媒体联合体的影响力使它们有权决定如何进行辩论，以及用哪些问题来吸引公众的注意力。

《外交事务》前主编詹姆斯·霍格认为，在国际事务领域，这导致了媒体的趋同思维并赋予其巨大权力。“媒体普及有一个被忽视的方面，”他说，“就是在危急时刻迅速向庞大的受众群体提供信息的能力。在这样的时刻，巨大的信息流既包含可靠的负责任的信息，也包含不可靠和不负责任的信息。”

现在，任何人都可以在新媒体基础设施上传播信息。博客、社交网络和更广泛的互联网都允许人们自行发布信息，并有能力将信息传播给全球大多数人。主流新闻不再垄断大众信息的传播。然而，主流新闻网络也采用了这些在以前作为替代的在线设备，带来新旧形式的融合。

几年前，一名来自伊斯坦布尔花园城市大学的21岁的学生恩金·翁代尔，与他人合作创立了“140 Journos”，该组织的志愿者使用自己的移动设备，通过推特和声云等社交媒体平台，向公众提供未经审查的新闻。“140 Journos”以推特 140 个字符的限制命名，其成员从未超过 20 人，但它对封闭和受控制的土耳其媒体产生了显著影响，土耳其公民经常因发表某些类型的言论而被监禁。翁代尔向《哥伦比亚新闻评论》解释道：“我们现在都是记者了，我们有自己的设备……这实际上消除了读者和新闻发布者之间的障碍。”[12]

麻省理工学院公民媒体实验室主任伊桑·朱克曼认为，尽管有大量的新平台、工具和共享方法，但我们在日常生活中仍然被本地信息来源所吸引。像 KigaliWireMexicoReporter.com 这样的网站代表了使用各种数字工具向国际受众报道本地新闻的新方式。现在这些新平台已经取代了专业记者，导致新闻行业和许多仅依赖美联社和路透社等新闻专线的机构受到更大的冲击。[13]

过去，媒体网络中的精英有能力建立规范，让其他媒体遵循。随着时间的推移，新闻的社会实践在各个新闻机构中不断演变，形成了强有力的行为规范。这样，新闻媒体就可以被视为具有一套标准角色和实践的集体。新闻行为和报道的这种同质性对我们传统上观察世界的局限性产生了真正的影响，与新的数字媒体生态系统所允许的声音及新闻报道的多样性形成了鲜明对比。[14] 由于获取信息的途径去中心化，任何人都有能力传播新闻，所以旧的规范正在被打破，新的规范正在形成。社交网络在迅速演变的新型新闻实践和价值观的发展中发挥了关键作用，而这些实践和价值观正在重塑新闻传播的方式。[15]

举例来说，所谓的新闻客观性与网络世界的情形形成了鲜明的对比。如果我在写博客或在推特上实时发布信息，我的主观性是明确的。即使我用手机拍摄一个事件，我个人和情境的偏见也会嵌入我的视频中。我选择拍摄什么，如何定位、编辑视频，以及是否播放它，都是公民新闻的一些主观因素。

客观性本身是20世纪的一个概念，客观性标准的转变也体现在写博客的职业记者身上。企业新闻学教授简·辛格研究了主流媒体是如何采用以前被替代的网络媒体的。[16]她发现记者的行为在网络上发生了变化。记者经常转换成第一人称，以一种印刷媒体或广播机构通常不会使用的方式对新闻报道进行反思。在博客上，记者从传统的"把关者"角色转变为信息核实和质量控制的角色。因此，博客的规范正在推动行为的改变。

另一个强大的新规范是即时性。在最近的一项关于埃及民众起义期间社交媒体新闻报道的研究中，齐齐·帕帕奇拉斯和奥利韦拉·德法蒂玛分析并绘制了推特上埃及民众起义期间的信息流，以此作为观察新闻动态变化的一种方式。他们发现，社交信息流反映了一系列与传统媒体不同的"新闻价值观"。在推特上，价值观集中于即时性、相互支持性，以及信息是否来自可信任的精英。这些"自然演进的"新兴价值观与传统媒体价值观之间的差异表明，媒体规范可以如何在短时间内发生变化，削弱主流媒体作为媒体规范执行者的力量。[17]

媒体传统上拥有的塑造和传播世界新闻的结构性力量，以及驻外记者作为全球事件传播渠道的局限性，正在数字媒体迅猛传播的世界里遭受冲击。由此产生了权力的转移，即权力从媒体公司及其机构规范转移到制作新闻和阅读新闻的个人手中，这是国际体系的重大变化。这种新的媒体生态系统更加去中心化，比以前更快地向我们传递事件新闻，并且不易受当前传统媒体盈利模式下降或国内政治压力转变的影响。这无疑是一件好事。

但是，这些新的规范是否代表了权力的转移呢？媒体理论家曼纽尔·卡斯特尔对此持肯定态度。社交活动不仅发生在数字空间中，还发生在网络信息流、面对面互动和传统媒体中。它们并没有完全脱离现实世界的基础，但已经失去了其碎片化的本质，现在存在于一个全球网络中。这样一个网络比媒体基础设施更难以控制。

对卡斯特尔来说，权力被定义为一个行为者控制另一个行为者的能力，而对抗力量被定义为一个行为者抵制机构权力的能力。在他看来，从机构制作的媒体向公民新闻的转变是一种“社会化交流”形式。在这个新的生态系统中，传统的“垂直”交流形式被水平网络（或互联网）所取代。随着这种转变，任何一个组织控制信息的能力都将面临挑战。无论是企业、媒体，还是政治精英，其对信息控制能力的颠覆都是一种对抗力量。[18]

这种对抗力量绝不是无限制的。正如我们从国家监控的规模和电信、技术公司的合作程度（这些公司运营着我们全球通信的基础设施）所看到的，关于信息的控制和监控会引发一场激烈的斗争。正如我们所探讨的，私营行业正在蓬勃发展，它们为国家提供控制互联网的技术，但这是它们行使提供通信能力的权力。[19]

· · ·

那么，这会给国际新闻相关的媒体格局带来什么影响呢？在我们的世界里，由公民主导的媒体是否正在逐步取代传统广播和大幅报纸呢？在国际新闻中，通过那些亲身经历事件的人来了解世界是不是更好？或者，我们宁愿继续通过值得信赖的观察者的镜头来了解世界正在发生的事情？

我们正在看到一个新的动态的信息共享生态系统。这些信息有些来自专业人士，有些直接来自信息源，还有一些是人们记录的自己的生活信息。记者兼学者保罗·努诺·维森特最近对驻内罗毕的国际记者进行了一项研究，调查他们参与网络媒体的经历，询问他们如何将自己的观点转化为报道，以及他们如何看待公民新闻的崛起。大多数记者都意识到，在数字时代，他们已不再是新闻业的领军人物。许多记者仍然试图在业余新闻和专业新闻之间划清界限，强调他们工作的质量和准确性。然而，许多人认为，业余和专业这两大团体可以通力合作，各自从不同的视角报道国际新闻信息。从这个角度来看，更多像科尔文这样的传统记者可以看到他们自己为社交媒体信息流增添了信息价值和环境背景。[20]

玛丽·科尔文的死毫无意义吗？不，我们仍然需要像科尔文这样的记者，他们可以到公民不了解的地方和环境中进行观察和解说。但是我们通过其他方法了解事件的能力也在迅速增强。我们进行远距离观察的能力只会不断增强：我们能够沉浸在虚拟现实和实时社交视频中，也能观察到微型无人机摄像头拍摄到的任何地方。"见证"已不足以证明记者所承担的风险是正当的。传统的新闻角色——提供信息背景和从纷繁的信息中甄选出有价值的新闻——正在被新的数字工具和众包平台所取代。

这对政府和传统媒体公司都有影响，因为二者都通过控制信息的能力获得了权力和影响力。也许更重要的是，一个多世纪以来，传统媒体以及支持它的法律监管体系（无论多么不完善）一直都在对权力起制约作用。数字技术实际上已经使第四等级实现了民主化，因此，现在公众对权力问责负有更多责任。这是不是真正的民主化转变，或者国家是否能够通过监视、保密和武力进行反击，还有待观察。

第六章

拯救“救世主”

2007年12月27日，肯尼亚举行总统选举仪式，宣布获胜者是姆瓦伊·齐贝吉，但是反对派支持者和国际观察员对选举结果提出疑问，导致种族暴力事件爆发。居住在南非的一名肯尼亚律师兼博主奥里·奥科罗回国参加投票，却面临着生命威胁。回到南非后，她有了建立一个名为Ushahidi的网络平台的想法，以便肯尼亚公民匿名报告暴力事件。在斯瓦希里语中，Ushahidi意为“目击者”。一个与肯尼亚有联系的特别技术专家小组看到奥科罗的帖子后，在几天之内就帮助她建好了Ushahidi平台。

Ushahidi平台允许用户通过文本信息、电子邮件或在线输入将数据上传到实时地图上。作为一个开源平台，Ushahidi平台也被用于肯尼亚选举危机之外的众包地图项目。此外，肯尼亚的一个野生动物组织也使用Ushahidi平台追踪动物行踪，卡塔尔的半岛电视台在2000年加沙战争期间也使用该平台播报相关战事新闻。但在2010年1月12日海地地震后，Ushahidi

平台才真正成为全球瞩目的焦点。

海地是世界上最贫穷的国家之一，首都太子港的大部分人口居住在简陋的贫民窟里。自 1842 年以来，海地一直没有遭受过大地震的破坏。而 2010 年的海地地震导致超过 10 万间房屋和 60% 的政府大楼被毁，如此严重的破坏大大削弱了该国原本有限的应对自然灾害的能力。据估计，地震造成 22 万人丧生（其中包括 25% 的公务员），另有 30 多万人受伤。150 多万人被安置在临时帐篷里，无法抵御余震、洪水、疾病和犯罪带来的伤害。国际人道组织进入海地提供援助，但是很难获得需要帮助的人员和地点的相关信息。海地政府既没有详细的人口记录，也没有基本的街道地图。

帕特里克·迈耶当时是在美国弗莱彻法律与外交学院就读的博士生，由于有朋友在海地，所以他密切关注有关海地地震的新闻。[1] 迈耶最开始关注的是太子港十几个人的推特，其中一些推文包含地理位置数据，可以实时收集并用于绘制地图。随后他利用 Ushahidi 平台，在美国马萨诸塞州剑桥市创建了一张海地地图。之后，迈耶开始关注更多海地人的推特账号，并添加了文本信息功能，以便任何有手机的人都可以将信息上传到地图。最初的信息来自海地移民局，随后与海地电信运营商 Digicel 合作，通过免费的短信服务代码直接获取来自海地的文本信息。消息传开后，几天之内就收到了数千条报告需求和位置的文本信息。（由于大部分文本都是海地克里奥尔语，迈耶搭建了第二个平台，以便对传入的文本信息进行众包翻译。）迈耶为此招募了 100 多名同学，他们自称“数字人道主义者”，跟踪社交网络和主流媒体，以获取任何能够被上传到这张快速演变的地图上的相关信息。

由于谷歌地图还没有覆盖太子港，他们转而使用另一个开源项目“开放街道地图”的全球定位系统设备将数据上传，填写到“开放街道地图”上。几周内，世界各地的人对地图进行了近万次编辑，于是危机应对组织得到了一张关于受灾地区的实用地图。[2]美国国务院、美国海军陆战队、美国海岸警卫队、国际红十字会、许多小型非营利人道主义组织以及普通公民都使用这张地图寻找救援目标。美国联邦应急管理局称赞该地图是人道主义机构可获得的最准确、最新的海地信息来源。

在一场讨论“数字人道主义”的 TED 演讲中，红十字会与红新月会国际联合会的媒体部主任保罗·康奈利表示，海地地震是人道主义机构变革的催化剂。他说道，“在发展中国家，人们都在通过使用新技术来为他们的社区带来积极的改变。通过社会力量的分享，他们强化了基层的力量，而且正在挑战旧的统筹和指挥的模拟模式”[3]。

迈耶在一篇博客中写道，像 Ushahidi 这样的平台不仅可以在紧急事件中发挥作用，也可以用作公民社会监督政府的工具，他称之为“逆向监视”[4]。收集数据和发布地图曾经只是国家的特权，但正如迈耶所说，现在，公众可以在 Ushahidi 平台提供的一个参与性“数字画布”上进行公开解码、重新编码和同步信息处理。换言之，该平台的作用就是，通过众包曾经是“安全信息综合体”的专属领域，使数据监控民主化。由于 Ushahidi 平台的出现，“现在准入门槛非常低”，Ushahidi 平台工作人员兼开发者大卫·科比亚补充道："目的就是将权力下放给公众。"任何人，只要有电脑和互联网连接，都可以在Ushahidi平台上绘制地图。

人们确实需要建立联系。在发展中国家，这种联系越来越多地由像谷歌和脸书这样的大型跨国科技公司提供，它们将全球互联网连接视为经济发展的工具。它们很可能是对的，但是使用它们提供的连接是有代价的，要么必须使用脸书作为网络端口，要么使用其小额支付或小额信贷服务的新系统。正如脸书首席执行官马克·扎克伯格在谈到为发展中国家提供互联网连接的网站Internet.org时所说，其目的是向人们展示"为什么把有限的钱花在互联网上是一个明智有益之举"[5]。

Ushahidi平台的工作在海地危机和其他方面都产生了巨大影响。它帮助个人和基层志愿者网络参与到正式的国际发展环境中。它比"匿名者"和Telecomix等国际黑客组织更具组织性；在一篇关于使用复杂的志愿者网络的文章中，迈耶描述了负责媒体监测、地理定位、验证和分析的不同团队。正如早期的颠覆性创新者一样，Ushahidi平台找到了一种被主导行为者（在这里是指大型国际组织和政府发展机构）忽视的能力，现在它正在增强这种能力来挑战它们对该领域的控制。[6]

Ushahidi平台最初被用于肯尼亚大选后的暴力事件，两年后，该项目的联合创始人之一，埃里克·赫斯曼——一位居住在美国佛罗里达州但在肯尼亚和苏丹长大的技术专家兼博主——搬回肯尼亚首都内罗毕，创建了一个创新中心。他认为肯尼亚的科技和创业社区将受益于共享的创新空间。这个名为 iHub 的创新空间既是 Ushahidi 平台所在的网络空间，也是众多科技公司和项目的聚集地。这些公司和项目旨在发展肯尼亚的科技产业，也为开发人员和科研人员对接潜在资金。iHub 创新空间主要是一个孵化器，也为通过竞争胜出的 100 位企业家提供免费访问权限。

例如，一个名为 M-Farm 的项目被选进 iHub 创新空间项目。M-Farm 项目是由 3 名年轻女性在 48 小时的创业比赛获胜后发起并创立的一个项目，它是一款基于文本信息、面向农民的信息工具。它向农民提供产品的实时零售价格，并帮助他们出售或购买产品，从理论上讲，这样就省去了中间商，让农民自行定价。[7] 作为世界上最贫穷的 30 个国家之一，肯尼亚一半以上的人口生活在贫困线以下，每天生活费不足 1 美元，面对这种普遍存在的结构性挑战，部署移动软件解决方案的任务是极其艰巨的。

尽管 Ushahidi 平台主要用于危机情况，但 iHub 创新空间有着更广泛的预期影响力。其创始人希望在科技产业方面为肯尼亚年轻人创造高附加值的就业机会，他们还鼓励对新的创业生态系统进行风险资本投资，同时也吸引企业赞助商进行大量投资。但是他们不仅寻求经济增长，iHub 创新空间的支持者也强调了技术本身带来的价值和影响。M-Farm 项目不仅被打造为应对发展挑战的解决方案，也是其创始人所创造的一项就业计划。更重要的是，Ushahidi 平台和 iHub 创新空间都试图在人道主义和发展这两个长期被国家和大型国际组织控制的领域内寻求创新。

· · ·

历史上，援助总是伴随着冲突发生——提供援助的国家、机构和人员与需要援助的国家和人民之间的冲突。人道主义援助的起源通常可以追溯到19世纪中叶弗罗伦斯·南丁格尔在克里米亚战争中对伤员的治疗。南丁格尔与她培训的志愿护士小组一起工作，当时南丁格尔请求英国政府拿出一个全国性的解决方案，以建立可送往前线的预制医院。当然，这种在征服他人的同时给予其帮助的观念与欧洲殖民主义的经济和政治历史紧密相关。

几乎同一时期，一场非政府的人道主义运动正在兴起。红十字国际委员会于1863年在瑞士成立，20年后美国红十字会成立。在第一次世界大战期间，这两个组织都发展迅速，并产生了巨大的人道主义影响。截止到1918年，仅在美国，该组织就有3 864个地方分会和2 000万成员。公民可以通过这种切实的方式为远在世界另一头的战争提供援助。

第二次世界大战之后，援助行为开始产业化，并与全球金融机构的发展紧密相连。联合国、国际复兴开发银行（或称世界银行）、国际货币基金组织以及国家发展机构相继创立，这些组织和机构肩负着多重使命，既要促进西方经济发展和资本主义扩张，同时也要提高收入和稳定经济，并协助发展中国家实现工业化。援助和发展被卷入了国家的复杂动机中——许多人称之为“新型的经济殖民主义”。

与此同时，一个独立的人道主义援助产业诞生了。包括乐施会、国际关怀组织、救助儿童会、世界宣明会在内的国际组织已经发展为大型的官僚机构，主要由西方国家的公民向发展中国家有需要的人提供援助。

正如人权学家玛格丽特·萨特思韦特和斯科特·摩西所说，“我们可以把国际非政府组织的扩张理解为西方和北方捐助国的外包形式，这是一种有价值的理解，当然还有其他方面。在过去，西方国家直接通过殖民主义和间接通过‘冷战’时期的新殖民主义进行控制，但现在西方国家把在南半球的某些治理活动外包给发展和人道主义国际非政府组织”[8]。从本质上讲，国际非政府组织实际上可以作为资助它们的西方国家的政府和代理而行事。由于国际非政府组织有大量的预算和更好的资源，在海地这样的国家，相比其掌权政府，它们能拥有更高的合法性。

20 世纪 80 年代至 90 年代，许多发展中国家别无选择，只能遵循捐助国强加的经济政策。这通常包括广泛部署西方科技和信息技术基础设施，其设计目的往往与受援国的真正发展重点相去甚远——例如改善农业、医药、水和卫生、能源以及防止疾病传播的方法。[9] 当然，在技术发展过程的开始阶段就纳入当地优先发展事项会更有利，但就援助体系的本质而言，无论它涉及粮食援助、农业设备还是信息技术，都是将捐助者的经济利益置于受援者的经济利益之上。

甚至在广泛应用全球网络和移动通信前，信息技术的进步就已经改变了国际人道主义救援的方式，特别是在灾害管理和规划方面。[10] 台式计算机的管理应用程序使现场救援中难民的食品规划、项目管理和物资跟踪等方面更具独立性。[11] 人道主义者最早使用电子邮件和网络论坛。人道主义机构裁掉了中层管理人员，使用电报和传真机，以加快国际行动的步伐。美国国际开发署于 1985 年建立的“饥荒早期预警系统”能够收集和分析大型数据集，类似这样的系统有很多，目的是预测紧急人道主义事件。

地图绘制曾经只是国家的专属领域，因此关乎国家利益。地图学的演变与技术的发展密不可分。政治科学家乔丹 · 布兰奇认为，早期地图绘制技术，比如指南针、象限仪、印刷机、望远镜和六分仪，是现代领土国家体系发展的根本推动力。他认为，这些新工具“改变了政治行为者对政治空间、权力和组织的理解，将中世纪多样化的政治形式简化为主权国家的独特领土形式”[12]。

20 世纪出现了航空摄影、卫星技术、遥感和地理信息系统，这些在很大程度上都是由国家开发和资助的，通常用于军事目的。地理信息系统的历史与国家有着尤为密切的联系。首先，地理信息系统用于土地使用规划，然后从 20 世纪 60 年代后期开始，被广泛应用于军事规划和定位。到 20 世纪 90 年代中期，桌面地理信息系统程序问世，数字地图在私营部门的使用频率激增。然而，正是地图绘制技术到云计算技术的转变，才引发了我们使用地图方式的一场革命。

“谷歌地球”于 2005 年 6 月问世，此前谷歌公司获得了美国中央情报局的投资，启动了名为“锁眼计划”的项目。该项目是一个桌面动态程序，通过卫星图像、航空拍摄和基于地理信息系统的 3D 图像，创建地球模拟景观，可以让人极其精准而详细地浏览和探索地球。“谷歌地球”的潜在人道主义用途很快变得清晰起来。谷歌根据绘制受卡特里娜飓风影响的灾区情况地图的经验，于 2007 年推出了“谷歌地球扩展服务”及其称为“谷歌地球感知图层”的服务，其口号是“你想改变世界，我们想提供帮助”。

其中一个试验性项目与美国大屠杀纪念馆的“防止种族灭绝地图绘制计划”合作，记录了苏丹西部达尔富尔州所发生的战争罪行。“达尔富尔危机”汇集了高分辨率的卫星图像、地理标记照片以及国际特赦组织收集的书面证词。由此获得的互动式地图捕捉到的被烧毁的村庄和大规模难民营的图像，让访问者以一种全新的、身临其境的方式了解这场危机。正如澳大利亚国立大学电影与新媒体研究方向的讲师凯瑟琳·萨默海斯所述：

> 当我滚动鼠标放大计算机屏幕上的图像时，我看到“达尔富尔危机”的火焰越烧越旺，我感到一种恐惧，但又为之着迷。为什么着迷？也许不仅是因为在面对灾难时，庆幸自己能够作为旁观者而置身事外（就像亲眼看见车祸发生的经过一样）。也许这种着迷和恐惧也是通过“同情”得到的。[13]

由国际特赦组织赞助的“聚焦达尔富尔计划”项目利用来

自美国数字地球公司、美国地球眼卫星公司、以色列图像卫星国际公司这三家私营公司的卫星数据，对 13 个易受袭击的村庄进行监控。人们还试图对这些实时数据进行空间分析，以预测其他可能受到袭击的村庄。[14]

当时，演员乔治·克鲁尼和“适可而止计划”的约翰·普伦德加斯特共同构想并资助建立了“卫星哨兵计划”。该计划利用美国数字地球公司定期更新的卫星图像，力图成为苏丹和现在的南苏丹边境的大规模暴行的早期预警系统。克鲁尼说道，这样做的目的是让苏丹部队得到的关注“就像我作为名人得到的关注一样多。如果你知道你的所作所为会被报道，你的做法就会与在‘真空环境’下大不一样”[15]。由克鲁尼和“适可而止计划”带来的媒体力量产生了放大效应，再加上实时监控，就形成了一股强大的联合力量。

在一个案例中，位于马萨诸塞州剑桥市的“卫星哨兵计划”分析师监控到 3 000 名苏丹士兵正准备攻击南苏丹边境一个名叫库尔穆克的村庄；他们公布了这则消息，以便给村民逃离的机会，这样做可能会改变另一个大陆上的危机带来的潜在后果。正如“卫星哨兵计划”的主管纳撒尼尔·雷蒙德所思考的那样，“如果我们把部队的方向搞错了怎么办？可能会让百姓直接撞上部队”。我们不知道有多少人接收到了袭击警告，但这个村庄最终被军队占领了，并用作空军基地。[16]

“聚焦达尔富尔计划”和“卫星哨兵计划”等项目负责人表示，他们在人道主义干预方面发挥了作用。他们试图通过提高行动的曝光度和行动可能造成的损失，来改变潜在战犯的行为。

这是基于美国前总统德怀特·艾森豪威尔在1960年美苏峰会上首次提出的一个想法，即建立一个由联合国操控的空中监视系统，以探测轰炸袭击的预备行动。这是由于之前苏联击落了一架美国中央情报局的间谍飞机，艾森豪威尔愿意建立一个国际监视系统，这样各国就无须再进行间谍活动。尽管苏联拒绝了这一提议，但40年后，联合国确实建立了自己的卫星监测部门，称为“联合国运营卫星应用计划”，用来分析冲突中的攻击模式。[17]

这些卫星项目都是为了提高西方国家对于人道主义危机的认识。正如约翰·普伦德加斯特所说，“没有人能再说他们对此一无所知。这个工具照亮了世界上非常黑暗的角落，就像一支火把，间接地帮助和保护受害者。这就如同大卫对战歌利亚，而‘谷歌地图’给了大卫一块用在弹弓上的石头”[18]。人们希望更多、更好的关于人道主义危机的信息能够带来更明智的政治决策。

然而，尽管“谷歌地球感知图层计划”欢欣鼓舞地宣称“以协作和互动的方式，让社区聚集在一起，共享关键信息，并帮助公民以新的眼光看待世界”，但几乎没有证据表明这些能够实现。[19]

国际特赦组织认为，乍得政府宣称“聚焦达尔富尔计划”是其接受联合国维和部队的理由。然而，虽然他们监视的村庄没有受到袭击，但邻近的村庄却遭到了袭击，而且战争仍在继续。[20]海地地震发生2年后，仍有50多万人无家可归，大多数人居住在为国内流离失所者所搭建的帐篷里。恶劣的卫生条件导致霍乱流行，5% 的人口受到了影响。海地政府当时处于混乱状态，而外国政府、国际人道主义组织和公司大多已经撤离了该国。

我们如何理解这个新兴的空间？它似乎充满了承诺、理想主义和解放的豪言壮语。借助数字技术的计划是否有可能改变人道主义的空间，将权力从国家和已建立的非政府组织转移到个人网络？数字化人道主义项目是否能更有效、更有力地帮助受援者？还是说这些技术仅仅复制了传统援助模式的权力结构，并继续标榜其项目是代表受害者权益的？

· · ·

"信息和通信促进发展技术"这一词语源于 20 世纪六七十年代，研究表明，社会技术发展能够对发展成果带来重要影响。最初，该计划包括通过国家间的援助来投资和建设电网和电信系统。随着互联网的兴起，这些计划也将演变为容纳互联网接入计划和任何"e"计划——电子健康、电子政务、电子农业、电子学习和电子安全。现在人们的注意力已经转向移动技术、卫星、人工智能和无人机的使用上，所有这些都以人道主义和发展为目的。目前有一股新的力量正在推动投资和建设新一代信息和通信技术基础设施，包括移动通信或者无线互联网，比如脸书的无人机互联网项目和谷歌的气球互联网项目。2010 年，非洲大陆在信息和通信技术基础设施上的花费为 600 多亿美元，相当于每人 60 美元。[21] 同年，世界银行在信息和通信技术发展上投入了 8 亿美元，而私营部门仅在移动基础设施上的投入就高达 100 多亿美元。个人也把大量资金投到通信上。拥有手机的非洲人中，除了最富有的 1/5，其余人每月在手机上的花费占其收入的 11%~27%。[22]

在这一演变过程中，批评的声音始终如一。许多人认为，信息技术计划只是掩盖了发展落后、健康状况不佳、苦苦挣扎的农业部门和贫穷等一系列问题的核心结构性原因。批评者指责道，这些计划脱离当地的实际发展现状，是西方国家强制推行的应急措施，其基础是一种新自由主义理念，即技术和商业的发展将带来经济增长，并最终实现发展。

在发表于 1999 年的一篇论文中，经济学家阿尔琼·贝迪回顾了信息和通信技术应用与发展指标之间联系的实证研究，指出了一个显而易见的事实："支持者将各式各样、几乎不可能的一系列积极效应归功于信息和通信技术的发展。"[23] 即使粗略地浏览一下大众媒体、智库文件和国际发展组织报告，也能发现一长串乌托邦式的成果：刺激经济增长、紧急情况发生时救助市民、预防反人类罪行、彻底改变农业、为农村贫困人口提供医疗、揭露政府腐败、拯救并宣传民主。

尽管措辞过于夸张，但采用新技术确实能带来好处。然而，在探索新技术的影响过程中所面临的一个挑战是，对新技术影响的多方面探讨要结合其目标而进行，对数字人道主义的探讨也不能脱离政府、电信公司和风险投资公司的经济发展和努力而进行。例如，Ushahidi 平台已成为 iHub 创新空间的一部分，iHub 的使命是在技术领域创造当地的就业机会，并利用数字技术解决国家发展问题。

有重要的文献探讨了信息技术对人类发展实践和结果的影响，但其中大部分内容超出了本书分析的范围。然而，简要的回顾是有价值的，我们可以看到信息技术应用于发展机构和它所服务的社区时，如何带来体制变革，如何为地区的个人赋权，以及如何推动经济增长。

阿尔琼·贝迪指出，较低的交易成本为颠覆性创新者创造了机会，迫使低效的组织去适应，而对新技术的广泛了解使他们能够参与竞争。事实上，从世界银行（其“开放数据计划”允许免费访问几乎所有的数据，并邀请应用程序开发人员使用该数据来创建用于发展的应用软件）到联合国（其“数字脉冲”网络创新实验室利用实时数据解决潜在的全球危机，例如饥荒和流行病）再到美国国际开发署（其“发展创新投资基金”重点资助以人道主义和发展为目标的新兴公司）等机构都在努力适应新的局面。这些已建立的机构是否能够在更广泛的人道主义努力中创新还有待观察。

有大量的文献探讨了数字技术如何为个人赋权，如何促进有效管理，以及如何对独裁政权进行政治抵抗。[24] 政治学家盖伊·格罗斯曼认为，信息和通信技术的应用促成了直接参与政治的新方式的产生，这限制了精英的观点和行为。在一篇关于非洲应用数字技术影响的文章中，人类学家加多·阿尔祖马认为：“迄今为止，权力一直掌握在城市政治威权主义精英手中，现在终于有机会将权力转移和共享……通过使用信息技术赋权给农村人口和贫困人口。”[25]

然而，曼纽尔·卡斯特尔认为，通信技术是一把双刃剑，它们能让社会跳跃式发展，例如新加坡、马来西亚和韩国的发展。[26] 但是如果一个国家没有充分利用新技术所需的教育体系或其他社会和政治条件，那么就无法获得整体的利益。“技术本身并不能解决社会问题，”卡斯特尔总结道，“但是信息和通信技术的获得和使用是世界经济和社会发展的先决条件。它在功能上相当于工业时代的电力。”[27]

保罗·康奈利认为：“自 20 世纪初以来，人道主义模式几乎没有改变，它的起源仍深深地植根在模拟时代，但是一个重大的转变即将到来。”[28] 他认为这个转变的催化剂就是 2010 年的海地地震。

数字人道主义到底有什么新意？网络编程的几次关键性发展带来了地图的创新，例如，使用制图应用程序接口和带有全球定位系统功能的手机。应用新技术的群体也在兴起，它们能够在人道主义领域做一些以前不可能做到的事情。

这些群体可以做传统人道主义组织做不到的事情。在海地，传统组织需要通过驻地办公室或先遣团队来获取信息，而危机地图几乎可以立即部署。虽然传统组织可以使用 Ushahidi 地图，但风险规避文化使得使用和发布众包数据非常困难。

更重要的是，大型人道主义组织看待信息技术的方式与国家和传统媒体组织的方式相同：信息技术是加强它们对信息传播控制的一种手段，而不是用于双向交流的工具。来自美国红十字会的格洛丽亚·黄告诉记者凯蒂·柯林斯：尽管他们已经准备好通过博客和社交媒体广播受灾信息，公开公共服务机构的所作所为，但他们并没有为接收来自受灾民众以及那些了解灾情的人的大量信息做好准备。[29]

一旦人道主义行动向公众开放，使他们参与其中，那将会赋予更广泛的新行为者以权力，并给予新的数据来源和数据形式以特权。受危机影响的个人可以彼此分享信息，并直接与外界交流。[30]

个人直接实时报告自身情况的能力可以改变人道主义组织的信息环境，这一点怎么强调也不为过。可以通过一些强有力的方式，将人道主义领域某些方面的所有权和权力转移给那些生命受到影响的人。就海地的文本信息运动而言，这意味着在该系统启动后不久，就能将事件报告和翻译服务转交给当地人。这些错综复杂的技术促使权威数据和非权威数据重新整合，这很快就会变成数据流、数据类型和数据源的复杂混合体。对于需要协调自己团队和他们所服务人群的应急人员来说，这又是一个需要考虑的层面。[31] 当任何人都可以参与通信和援助时，大众应该如何组织自救，以及人道主义组织在这个信息生态系统中的作用是什么？

其答案就是，事实证明，大型传统组织和国家很难在人道主义紧急情况中同时发挥信息中心和后续集体行动调动者的作用。最近对海地地震的一项研究发现，在行动层面，主要救援组织所获得的人道主义信息在很大程度上没有得到当地信息的进一步证实。许多政府、国家非政府组织和民间社会团体在一开始就认为无法获得当地数据。这些组织之间的协调是僵化的、等级分明的、烦琐的，导致它们无法通过协调来应对危机。[32] 灾难可以被看作一个不可预测的、复杂的系统，但是为了创造秩序，大型组织的传统做法是采用统一的、线性的、等级分明的结构，这种结构被称为“系统模式”。[33] 然而，一个复杂的系统是很难有秩序的，特别是在一个有大量实时信息涌入的新的数字环境中。

然而事实证明，像Ushahidi平台和“开放街道地图”这样的新组织在这种新环境下是非常有效的，我们可以用“复杂适应系统理论”来解释这种现象。该理论认为，复杂系统中的行为者处于不断学习的状态，这使得系统作为一个整体能够保持弹性。这在危急情况下很重要，因为这能引发其他行为，弥补传统组织和机构带来的缺失。[34] 例如，波士顿城外的一群学生可以填补传统机构因无法在数字空间创新而导致的信息空白。

· · ·

危机绘图者是颠覆性创新者，过去由国家或组织控制的援助权力，其中一部分可能转移给了数字人道主义者。然而，归根结底，重要的是人道主义援助是否真正帮助了人们？这些数字创新是否在某种程度上能够赋权给响应者和接受者，从而带来更好的结果？还是仅仅重建现有的制度规范、权力结构和社会不平等？

经过多年大规模的国际干预，海地仍然处于人道主义紧急状态，该国贫困蔓延，腐败问题严重。那么，它怎么能像经常宣称的那样，成为人道主义创新的转折点呢？首先，海地地震前的历史揭示了一种长期的“永久性危机”模式。1994年，当美国军方帮助总统让·贝特朗·阿里斯蒂德重新掌权时，国际救援组织将海地视为一个紧急状态国家，而该国一直无法摆脱这个标签。这使得国际非政府组织把重点放在短期项目而不是长期基础设施发展上。因此，援助在某种意义上使国家“丧失能力”，而非得到改善。地震给政府建筑和资源造成了巨大的破坏，大部分政府建筑被毁，许多政府雇员丧生。然而，在筹集的18亿美元的救援款中，仅有不到1%的救援款用于援助海地政府和修复政府设施，大部分救援款被分配给了外国的非国家行为者。

虽然许多创新是在救援的最初时期实现的，但紧急援助和长期发展之间的界限总是很模糊，尤其在一些国家中，灾后重建和灾后社会经济恢复面临大规模结构性阻碍。正如非政府组织互动机构对美国国际开发署的评论所言：“美国的援助结构仍然反映了‘救济’和‘发展’之间过时的二分法，人们经常讨论这两个极端之间的有效协调和交接，但却很少真正执行。”[35]

最初在海地开展的救援工作迅速变成了更传统的发展任务，受到来自组织和政府的挑战，而这些挑战目前基本处于技术创新的范围之外。例如，在海地境内，由经过认证的非政府组织运营的机构是管理难民营的主体。它们遵循“项目管理逻辑”，优先满足非政府组织的目标，即向受援者提供最低质量的服务。从需要帮助的人数上来看，这意味着数量高于质量。此外，对于各个营地管理机构的问责也非常少。“虽然在项目区域范围内的救援质量和覆盖范围问题可以问责具体的营地管理机构，但整个受灾人群的覆盖范围问题只能归结于‘无组织的人道主义体系’，在这样的体系中问责制完全是分散的。”[36]一些批评人士进一步批判人道主义团体。劳拉·扎诺蒂指出，美国国际开发署在海地花费的每1美元中，有84美分是用于支付国际专家的工资。[37]

我们必须提出的另一个问题是，尽管数字技术有诸多好处，这一点我们在前面已加以概述，但它是否会对发展和人道主义的核心结构性挑战产生实质性影响？它是否能就人道主义事业中普遍存在的一些棘手的问题——比如性别、经济不平等或文化问题——改变其权力的平衡呢？

尼日利亚人类学家加多·阿尔祖马说道：“互联网不再是一种解放的工具，它也能成为一种令人生畏的技术，让那些拥有一切的人和一无所有的人之间的鸿沟越来越大。”[38]尽管有一些倡议振奋人心，积极鼓励年轻女性参与到技术领域中，但数字技术的引入往往放大了发展中国家的性别失衡。[39]妇女没有接受教育的平等机会。许多社会都有一种根深蒂固的观念，认为科技是男性的专属领域。英语是许多技术发展的主导语言，是除被动使用外影响人们参与新技术的另一个障碍。因此，在人道主义项目的设计中，经常由那些已经在社会中拥有权力的人及外界人士来决定编码、设计和基础设施的相关内容。尽管代码越来越强大，并在很多方面塑造着新的社会规则，但在创建代码时，政府和公民在很大程度上都被排除在外。

曼纽尔·卡斯特尔认为，对于全球范围内生活在“第四世界”的人来说，贫困和基础设施的缺乏切断了他们与大型通信网络的联系。他认为，通信技术的发展是全球化和资本主义的一个功能，我们必须“重新定义社会发展”，将通信技术纳入其中，否则“第四世界”的人将进一步陷入欠发达状态。[40]在许多社会，通信技术的获取差距存在于城市和农村、富人和穷人、男人和女人、受教育者和未受教育者之间。[41]在某种程度上，技术必须在其应用的环境中发展，以结合社区的动态、目标和发展重点。[42]

远程管理的概念常常用于外界人士在应对灾难时操控社会主体的方式中——从难民营的设计、物资和服务的供给，到拨款和项目评估等更多结构性的控制。[43]在一项关于“谷歌地球”的“达尔富尔危机”感知层的研究中，学者莉萨·帕克斯探讨了有关达尔富尔资料的呈现是如何“再现了西方对非洲悲剧的比喻”的。[44]她认为，这些影像虽然没有带来政策上的行动，但却以一种独特、有代表性的视角呈现了事件。

杰弗里·沃伦等地理学家警告说，我们必须将地图绘制视为“本质上非中立的做法”[45]。因此，我们不要把它的作用理解为“记录世界的构成，而应理解为一种修饰性的、战术性的和主观性的工具”。从这个角度来看，地图绘制可能是对那些非地图创建参与者的一种控制。

沃伦指出，像叶夫根尼·莫罗佐夫这样的数字技术怀疑论者警告说，巴西生态学家可以使用地图绘制揭露亚马孙三角洲的森林砍伐政策，而政府同样可以使用这些地图绘制平台来监视并控制其公民。例如，“在俄罗斯，互联网助长了‘反非法移民运动’等极端右翼组织的发展。‘反非法移民运动’组织一直在使用谷歌地图锁定俄罗斯城市中少数民族的位置，并鼓励其成员将他们赶出去”[46]。

同一个技术平台会使这些乌托邦式解放和反乌托邦式控制同时发生。危机地图可能会给那些通过提供数据参与其创建的人带来真正的好处，但是这些数据也可以用于伤害他人。如果一个身处险境的人通过地图上的信息被识别出来并受到伤害，那么应该由谁负责呢？如果政府使用危机地图作为监视数据的来源，那么我们在分析其效用和价值时又如何解释呢？在开放、协作的系统中问责是一项艰巨的任务。

此外，人们在参与危机地图绘制中获得的援助，在大多数情况下将依赖于传统援助组织的帮助。尽管这些平台是一种创新，但它们是由享有特权的外界人士设计和建造的，他们从技术部署中获得了实实在在的好处。更重要的是，必须有那些被彻底剥夺公民权的人参与其中，他们才能这样做。我们需要非常谨慎，不要简单地复制权力结构，因为在更广泛的援助和人道主义世界中，这种权力结构已被证明是有弊病的。

在任何一个特定的众包数据项目中，谁能获得权力？一般来说，是那些建立平台并分析数据的人。他们正在获取知识、分析能力、专业技能和技术进步。通过这种实践，许多人成了专家，许多人得到了工作。从这个意义上说，许多创新模仿了自上而下的结构，而这种结构在许多西方主导的人道主义和发展项目中都是有问题的。例如，Ushahidi 地图通常由一个小团队管理，该团队可能在远离地图绘制区域的办公室中，从一大群受影响的人那里收集信息。在这种安排下受益最多的是那些处于顶层的人，那些管理地图的人：他们有获取信息的最大权限，又面对最低的风险。但是，现场数据提供者处在这个结构的底层，他们可能永远不会从自己报告的信息中获益。

系统运作所需的数据要由许多人提供，但提供这些数据的人只有在获得直接回应的情况下，才能通过参与获得赋权。而这种情况的发生，往往与最初给他们造成伤害的结构性问题密不可分。提供援助仍然依赖于大型机构，可能是本国或外国政府，也可能是国际组织。尽管这些机构可以与新的数字人道主义者联手行动，但它们也可能只是简单地利用这种技术。更重要的是，当人道主义救援和发展之间的界限变得模糊时——这种情况时有发生——那么技术所赋予个人的权力、国内状况控制和责任之间的相互作用也会变得愈加复杂。同样，数字技术不能与使用该技术的社会体系分开，而在国际体系中，相比于其他领域，数字技术用于救援和人道主义领域的影响更为重要。

数字技术也许正在颠覆人道主义的某些方面，但它最终帮助的是提供援助的人，还是那些仍然需要帮助的人？

第七章

无界外交

2012年9月7日星期五凌晨5点，驻德黑兰的5名加拿大外交官悄悄离开了伊朗。同一天，加拿大政府将所有伊朗外交官驱逐出渥太华。多年来，紧张局势和激烈言辞不断升级，加之人们对以色列或美国军事打击可能引发的报复行为日益担忧，加拿大中断了与伊朗的所有外交关系。

加伊两国关系已经恶化。虽然加拿大大使馆每年花费700万美元来维持两国关系，但却与伊朗官员几乎没有任何往来。加拿大官员分析，如果你不能与任何人沟通，那么传统外交的意义何在？但并非所有人都同意这种极具戏剧性的治国方略。加拿大资深外交官，也是最后一位加拿大驻伊朗大使约翰·芒迪告诉《环球邮报》，此次撤离是非常艰难的一步，双方关系将很难修复，而且阻断了加拿大与伊朗的任何对话。[1]

芒迪指的是与伊朗政府的对话。当加拿大中断与伊朗官员的正式外交关系时，另一个来自外交与国际贸易部的团队正加紧与伊朗人民建立直接联系。它们与多伦多大学蒙克全球事务学院合作，特别是与来自“公民实验室”和ASL19（一个帮助伊朗人应用监控规避技术的研究实验室）的研究人员合作，建立了“伊朗未来的全球对话”项目（简称“全球对话”），还建立了一个网络平台，让伊朗人在平台上讨论即将举行的选举。如果加拿大外交官不能与伊朗官员对话，那么他们将帮助伊朗人民彼此进行对话。

2013年5月，一个为期两天的会议在多伦多举行，并通过互联网直播。其目的是为伊朗民主活动人士提供一个搭建公民社会的平台。或者更广泛地说，其目标是推动伊朗的人权进步。会议主要用波斯语进行，并翻译成英语和法语，世界各地的人可以通过各种社交平台参与会议，甚至可以给加拿大的“直接外交团队”发送电子邮件。由于伊朗对互联网使用实施大规模监视和审查，为了让伊朗人民参会，加拿大外交贸易与发展部部署了包括“洋葱路由”和Psiphon（一种VPN应用程序）在内的多种翻墙技术，使用户可以匿名上网，避开政府的审查。截至2014年年中，逾400万伊朗国内的访客使用了该平台。在哈桑·鲁哈尼赢得大选后，“全球对话”启动了一个名为“鲁哈尼计量表”的后续项目，将伊朗总统的政绩和他在竞选期间所做的承诺进行对比。

许多人将“全球对话”描述为一个等同“数字公共广场”的平台，认为这种称谓无伤大雅，但这无疑是激进的。正如《麦克林》杂志的迈克尔·彼得鲁所报道的那样，一位加拿大官员承认“伊朗政府无疑会将加拿大的这种行动视为敌对行为，并将伊朗公民的参与视为扰乱社会治安的行为”[2]。尽管该项目可能会进一步推动加拿大政府建立公民社会的目标，甚至可能连带加剧伊朗的内部分歧，但它也会让加拿大在国家间外交的传统舞台上付出代价。

加拿大前外交部长约翰·贝尔德对这种权衡持乐观态度。“我们可以进行直接外交，而不仅仅是精英外交，”他说道，并呼吁更多的加拿大官员使用推特，“在即时通信和社交媒体的环境下，我们必须加快行动，不要害怕尝试新事物或者犯错误。”在贝尔德看来，“全球对话”只是更加自信的外交形式之一。

在某些方面，加拿大关闭了与伊朗的正式外交渠道，并转向数字外交，这并没有取代加拿大作为温和对话者的传统角色，而是一种激进外交政策的表达方式。在网上，前外交部长贝尔德和前总理史蒂芬·哈珀可以自由地称这次伊朗选举是一场“骗局”，并以一种他们在德黑兰可能不会采取的方式挑衅伊朗政府。他们也可以用一种前所未有的方式与数百万伊朗人直接对话。

美国政府也对与伊朗缺乏外交进展深感失望。2009 年贝拉克·奥巴马总统就职典礼后，为了恢复高层外交谈判，奥巴马政府试图通过与时任伊朗最高领袖的阿亚图拉·阿里·哈梅内伊接触，与伊朗建立联系。就像美国之前的许多提议一样，这些努力也付诸东流了。

同年夏天，伊朗扣押了 3 名试图从伊拉克越境的美国徒步旅行者。阿曼苏丹国前元首卡布斯最初是美国和伊朗之间的调解人，他促成了 3 名美国徒步旅行者的释放，并且两国谈判代表也开始进行幕后会谈。包括美国副总统乔·拜登的外交政策顾问杰克·沙利文在内的美国高级官员在阿曼至少与伊朗官员进行了5次会晤。除了这些秘密安排的会面以及大量的秘密行动外，伊朗官员和美国及其盟友的代表也进行了更多的公开谈判。在最后一刻，美国把一项新的协议摆上了更公开的台面，而这项协议是通过与伊朗的秘密谈判达成的，就连以色列在内的所有盟国都对此一无所知。最终达成的日内瓦协议为伊朗提供70亿美元的制裁减免，以暂时限制伊朗的核开发。这份协议是朝向2015年达成最终协议迈出的第一步。这是几十年来伊朗与西方国家外交关系的首次重大突破，而实现这一突破的部分原因是彼此共同的利益所在——打击“伊拉克和黎凡特伊斯兰国”极端组织。

以色列前总理本杰明·内塔尼亚胡称该协议是一次历史性的错误，它“将世界置于一个更可怕的境地”。加拿大前总理哈珀也对此加以批评。[3]但是日内瓦协议显然是奥巴马外交政策上的一个成就，他认为，伊朗反反复复的核威胁最终可能会导致美国或以色列对伊朗进行军事干预，而避免这种威胁符合美国的利益。这一进程是否会成功还有待观察，但这是一次典型的外交尝试。美国前国务卿基辛格1971年在访问巴基斯坦期间秘密访华，最终促成了尼克松总统的历史性访华。与此类似，这些谈判植根于一种非常传统的外交理念。

这种传统的方式几乎只关注精英之间的对话。在过去，举行高级别会谈就足够了，因为某一冲突中的大多数有关团体基本上都是高层级组织。外交官曾经既是本国政府对全球事件新闻报道的筛选者，也是精英讨论的主要参与者。理论上讲，总有人可以与他们谈判。纳尔逊·曼德拉是一位持不同政见者，但也是一个选区的公众代表，他可以为选民们发声。今天，外交官可以并且经常需要与各式各样的网络公民接触。就像身处众多社交媒体中的驻外记者一样，随着全球事件的展开，他们和其他许多人一样寻求影响力。不适应变化就会失去对信息环境和网络影响力的控制。这种新的网络环境对开展外交提出了挑战。

· · ·

要评估数字外交能否成为国家的有效工具，我们有必要退一步来审视外交在国家权力投射和国家利益保障中的地位。当然，自《威斯特伐利亚和约》签署以来，国家外交一直处于国际事务的中心。以奥托·冯·俾斯麦贯穿19世纪中叶的欧洲治国方略为代表的国家“均势理念”有着悠久的历史，该理念认为可以不通过战争实现国家间的力量平衡。这使欧洲免于战争，并以此建立了德意志帝国。它是第二次世界大战之后联合国成立的基础，也是联合国确保大国之间和平的基础。在推特、网状网络和数字安全项目出现之前，我们如何看待外交的价值，又如何评估它的影响呢？

在外交语境下，权力被认为是影响他人以获得自己想要的结果的能力。有三种主要的方法可以实现这一点。第一，强制是硬实力的一种形式，军事威胁被用作“棍棒”来实现政治目的。第二，利诱也是硬实力的一种形式，经济优势像胡萝卜一样被当成诱饵诱惑他国。第三，外交力量建立在吸引而非对抗的基础上，它更微妙，通常被称为"软实力"。其他国家可能渴望效仿一个国家的成功或钦佩其价值观，因此更有可能遵循其指导方针或政策议程。软实力的理想形式是能够说服别人追求你想要的东西，这样你就不必强迫别人采取你想要的行动。

正如第二章所讨论的，哈佛大学肯尼迪政府学院教授约瑟夫·奈首创软实力概念，将其定义为"通过吸引而非强制或利益来影响他人，以获得自己想要的结果的能力"。他认为，一个国家的软实力"取决于它的文化资源、价值观和政策"[4]。软实力并不完全是政策，而是政策的结果。当然，国家可以通过一些做法宣传自己，但这可能会有风险。奈举例解释道，如果美国之音被它试图施加影响的人认为是傲慢的，那么它就无法发挥软实力的作用。[5]软实力和鼓吹之间有着微妙的界限。

软实力并不是最近才由美国创造出的概念。普法战争后，法国建立了法语联盟，并在很多国家设有前哨；在第一次世界大战期间，其他许多国家采取了类似的行动，在世界各地建立自己的文化办事处，以发展软实力。在美国，发展软实力的想法真正形成于20世纪30年代，当时罗斯福政府的立场是，"美国的安全取决于它是否有能力与其他国家的人民对话并赢得他们的支持"[6]。

归根结底，软实力不仅是让人们去做他们通常不会做的事情，而且是让他们的利益与你的利益相一致，这通常是长期信任关系所带来的结果。这意味着，这些关系的恶化或中断会削弱软实力。正如奈所概述的那样，例如，当美国在2001年“9·11”恐怖袭击事件后寻求对伊拉克战争的支持时——无论是墨西哥的联合国投票还是使用土耳其的领空——“美国软实力的削弱带来的是一个不利而非有利的政策环境”[7]。

作为外交政策工具的软实力，通常与公共外交有关。公共外交可以定义为“外交官与与其共事的外国公众之间的关系”。美国外交官埃德蒙·格利恩在20世纪60年代创造了“公共外交”这个词，在整个“冷战”期间，公共外交的主要目的是在全世界范围内推广美国文化。美国军事力量和能力的投射都在结束“冷战”中发挥了重要作用，但奈认为，“自由思想的软实力”[8]也发挥了重要作用。“冷战”结束后，预算被削减，公共外交减少，但是“9·11”恐怖袭击事件和反恐战争使美国在世界各地宣传其文化价值观变得更加重要。

公共外交在传统上有三种形式：向受其影响的人解释政府的外交政策，制定品牌外交政策的长期战略主题，并通过文化和学术交流建立持久的关系。值得一提的是，在过去，公共外交并不会制定政策，而是进行交流或拟订计划。但随着这种做法进入数字空间，这种情况正在发生变化。

尽管软实力和公共外交各自有明确的权责范围，但它们在更广泛的外交格局中的界定却越来越模糊。荷兰国际关系外交学教授扬·梅利森认为：“传统外交和公共外交的基本区别很明显：前者是关于国家代表或其他国际行为者之间的关系，而后者的目标是外国社会中的一般公众以及更具体的非官方团体、组织和个人。”[9]在网络化的世界里，公共外交倡议的受众越来越多，而且难以界定。有时，数字公共外交似乎意味着与任何人，甚至是每个人都建立了关系。

· · ·

2009 年 6 月 4 日，时任美国总统贝拉克·奥巴马在开罗发表重要讲话，试图“重塑美国和伊斯兰世界的关系”。这是总统任期内的第一项重大外交政策倡议，奥巴马试图通过该倡议改变中东地区公众对于美国和美国外交政策的舆论和看法，因为在他的前任乔治·W. 布什执政期间，伊拉克战争后的美国外交政策非常糟糕。再往前 10 年，奥巴马可能会通过电视广播和报纸的观点版面来宣传这一信息，但在 2009 年，这意味着他要亲身进入网络世界。

为此，奥巴马部署了美国国务院的数字外联小组，这是数字外交的先驱。数字外联小组隶属美国国务院办公室，他们参与国外评论跟帖和线上论坛，以“防止信息误导”。该小组访问了阿拉伯语、波斯语和乌尔都语的主流新闻网站，那里有大量的评论。小组成员们采取实名制，不隐瞒身份，公开表明自己是美国国务院的工作人员。美国的公共外交对中东地区来说当然不是什么新鲜事，但它与曾经采取的形式不同。20 世纪 90 年代中期之前，外交事宜一直由美国新闻署负责，该机构使用阿拉伯语进行“美国之音”的广播，并创立了名为 *Al-Majal* 的阿拉伯语杂志。海湾战争期间，美国国务院开设了新的广播电台，以及一家“自由电视台”。两者都不是特别成功，在阿拉伯世界中都缺乏公信力。[10]之前都是通过杂志、广播和电视向阿拉伯民众传播美国的观点，而数字外联小组的做法却与此不同——他们采取了积极、持续、实时的参与。

因此，当奥巴马在开罗通过演讲来拉拢阿拉伯和穆斯林听众时，他正在进入一个危机四伏的未知领域。一项关于数字外联小组工作的学术研究，探讨了在中东地区的讨论板块和新闻网站上，人们对于接收到的美国信息的反馈。作者们发现，该小组的主要工作是消除对相关美国政策的误解，驳斥虚假的说法，但有时他们表现得居高临下，或是带有嘲弄讽刺的意味。该研究也发现，数字外联小组发布的帖子引发了更多针对美国的负面回应，这些反应如此强烈，以至于美国的参与最终适得其反。评论区一贯混乱，它们可能不是最好的外交平台。在任何情况下，数字外联小组对于其主要目标的解释是通过提出合乎逻辑、有理有据的观点来对抗网络上的反美情绪，并不是针对仅占网络受众一小部分的评论者，而是针对从这些网站获取新闻的更广泛的、沉默的受众。[11]

数字公共外交在国际上得到了广泛应用。大使和办公室官员利用推特与本国选民或他们所在国家的公民进行接触。外交部部长们通过脸书、推特和谷歌环聊发布在线简报，并在线直播相关活动。正如美国国务院所写的："新媒体在公共外交中的作用已经从几乎不存在变成了常规操作。"事实上，2014年夏天，美国国务院有230个脸书页面、80个推特账号、55个优兔频道和40个Flickr账号。在美国国务院，许多此类举措都由资讯管理局电子外交办公室负责。

美国国务院也利用技术改变了其内部流程。Communities@State 项目允许部门工作人员创建在线社区、开设博客、讨论政策，目的是打破部门之间的隔阂，促进更好的内部沟通。“外交百科”是一个内部的维基百科，官员可以创建文章，其他人可以协作编辑。这个网站的主要优点之一是有助于项目的连贯性，一旦办公地点发生变动，过往信息能够被存储起来。“虚拟存在帖”是一套在线工具，能够帮助领事馆和大使馆更好地与公众接触。这在一些没有设立美国办事处的国家中特别有用。[12]

将公共外交的传统工具数字化是恰当的，也是必要的。这样做比旧的广播模式更复杂，因为既要去沟通，也要积极参与，但最终是可行的，并将被证明有利于促进国家利益。

任何公共外交提议都面临的挑战是，它并非存在于真空之中，因此它必须与更广泛，有时相互矛盾或相互冲突的政策一起被加以评估。加拿大通过数字网络与伊朗活动人士的接触，不应被视为有悖于该国对美国主导的条约进程的强烈反对立场。加拿大寻求与伊朗人就伊朗人权问题进行对话，而这些伊朗人也知道加拿大反对伊朗的一项核协议，而该核协议对于伊朗的经济繁荣及与国际社会的重联起着至关重要的作用。

这就是为什么美国在伊拉克战争期间与阿拉伯世界的接触不应被视为公共外交的失败，而是反映了人们如何看待战争以及如何受到战争的影响。奥巴马尝试通过数字外交来修复两国关系，但当地很多阿拉伯人对此并不看好。这并不是因为使用了数字媒介工具来讨论修复两国的外交，而是因为多年累积的敌对情绪已使他们对美国产生了根深蒂固的怀疑态度。

正如数字外联小组在为奥巴马开罗讲话所做的努力中发现的那样，网络工作最大的障碍是美国对中东的外交政策本身。他们一针见血地总结道，"美国对中东外交政策的轨迹正在削弱数字外联小组的工作"[13]。如果大肆传播的信息没有吸引力，那么再多的推文也无济于事。

随着许多数字公共外交举措的落地实施，美国国务院正在开发一系列更广泛的数字项目。为了顺应21世纪不断演变的治国方略，有许多项目远远超出了推特的使用范围，迫使我们考虑更多活动人士网络外交的界限和最终代价。

正如美国前国务卿希拉里·克林顿所说，他们正在"努力利用我所说的21世纪治国方略的力量和潜力……使用新的工具，比如使用手机移动银行或对选举进行监控。但我们也在接触这些工具背后的人——创新者和企业家本身"。

21世纪治国方略的框架源于2010年第一次《四年期外交和发展审议》，该审议概述了不仅在推动政府政策方面，需要将更广泛的新的行为者、技术和平台纳入美国外交政策，在制定和执行政策方面也应如此。正如本书通篇所概述的那样，这些行为者非常强大，它们的能力经常使国家吃惊。将美国外交延伸到这一领域意味着要在参与者匿名的平台上开展活动，部署的技术可能会被犯罪组织广泛利用，还要积极地将政府通常摒弃的行为者（比如"匿名者"和Telecomix等国际黑客组织）纳入外交对话。

美国国务院将21世纪治国方略正式定义为"用创新和调整过的治国方略补充传统的外交政策工具，而这种新的治国方略充分利用了这个相互联系的世界的网络、技术和人口特征”。它们尖锐地指出，“这些新的权力分散形式反映了现代社会信息系统结构的根本变化”。

大范围的发展、政策和公共外交项目都属于这一框架。“公民社会 2.0” 计划本质上是面向世界各地非政府组织和公民社会组织的一个技术训练营。美国国务院派遣美国技术人员到国外举办为期两天的培训班，以帮助这些组织提高其覆盖面和影响力。Tech@State 会议将美国技术人员、政府人员和合作伙伴机构聚集在一起，集思广益，开发基于技术的解决方案，以解决美国外交和发展议程目标下的诸多问题，比如教育、医疗保健和扶贫。开发者社区网站汇集了应用程序编程界面、丰富站点摘要新闻推送和政府数据库，能够鼓励开发者创建应用程序。

还有其他项目涉及《四年度外交和发展审议》中提出的权力平衡的转变。“手提箱中的互联网”项目是通过叙利亚反对派支持办公室向叙利亚反对派提供的 2 500 万美元非致命援助的一部分，该项目是与一些美国非营利合作伙伴共同开发的网状网络技术，这样活动分子团体就能够在通信屏蔽的情况下安全地进行交流，该项目也为网络运营商和用户提供数字安全保障。[14] 另一个项目由美国国务院和五角大楼联手，尝试利用军事基地的信号塔建立一个独立的手机网络，来规避塔利班对通信服务的控制。[15] 为了有效地运作，这些所谓的“异见网络”需要保证高度安全性，这样才能在更大范围内为人们提供网络连接。[16] 沙迪·哈桑撰写了一篇电子工程和计算机科学方面的论文，探讨了如何设计能够在大面积断网的情况下正常运行的网络。他认为，同时实现这些目标，是对技术人员和活动人士开发规避审查能力的核心挑战，“真正的异见网络将从根本上改变专制政权和持不同政见者之间在交流渠道方面的权力平衡”。[17]

这些项目正被部署在冲突频繁的地区。例如，美国国务院已通过叙利亚反对派支持办公室向叙利亚反对派提供了 2 500 万美元的反监控技术，这项技术主要以卫星电话形式出现。

还有一个更为激进且精心设计的数字外交计划，其目的是创建一个古巴版的推特，以助长异见，并推进其政权变革。2000—2012 年，美国国务院下属的负责全球范围内人道主义和援助项目的国际开发部门——美国国际开发署，通过一个由承包商和空壳公司组成的秘密网络，开发了一种基于移动短信的服务，允许古巴人自由交换信息。这项名为 ZunZuneo 的服务在最高峰时拥有 4 万活跃用户，但当试图转型为一家私营公司时，它却未能找到一种可持续的盈利模式。

尽管美国国际开发署一直以其广泛的良性发展项目而闻名，但是这个精心策划的大胆项目最终给其声誉带来了污点。正如共和党参议员迈克 · 约翰斯在有关此事的听证会上所说的那样：“一想到美国国际开发署，我就会想到‘人道主义’‘关怀他人’‘筑路人’等。我无法想象为什么美国国际开发署会想要干涉另一个国家的事务，试图为反对该政权的人士提供互联网接入。”

这当然不完全正确。美国国际开发署的干涉主义发展倡议由来已久。例如，从 2000 年中期开始，美国每年要在他们所谓的伊朗“转型发展”计划上耗费数千万美元。

· · ·

网状网络倡议和美国国际开发署的古巴项目都是美国政府试图充当颠覆性力量的企图的证明。美国国务院互联网自由议程的核心挑战并不在于规避工具不好，也不在于它们所要对抗的审查和监视项目对公民社会无害。真正的挑战是，作为21世纪治国方略，美国政府在向叙利亚异见者提供反监视技术的同时，也在建立自己的大规模国际监视计划。更重要的是，在美国支持这些持不同政见者反对某些政权的同时，这些政权经常在美国情报机构参加的技术交易会上从美国公司购买监视设备。活动分子会怀疑美国未来的努力，这种说法并不为过。无论美国国务院互联网自由议程的意图有多么真诚，该议程都无法与美国政府更广泛的行动孤立开来。

这种动态也可以在另一个方向上产生影响。数字外交举措会抵消外交政策其他部门的努力。例如，虽然古巴的社交网络创新地使用了数字技术来实现美国国务院的目标（尽管是被误导的），但却玷污了美国国际开发署的名声，并且损害了其整体的效力。在古巴，它直接助长了美国的渎职行为，并终结了设在古巴的美国国际开发署项目正在进行的其他善举。在全球范围内，它使美国国际开发署的工作人员处于危险之中，使他们无法实现原本非常有价值的人道主义目标。

这就涉及数字外交的核心挑战，它源于以数字技术为代表的媒介的转变。外交实践必须适应的不仅是沟通平台的转变。互联网和数字网络代表着一个全新的运行空间，它们有自己的权力结构、行为主体和行为规范。是的，数字公共外交倡议可以增加国家信息的覆盖面，使用推特将有助于外交官与当地民众接触。但当国家真正接受数字工具并具备使用数字工具的能力时，由此产生的创新数字外交项目，即那些真正有潜力将国家带入这个新的运作空间的项目，都以失败告终。它们之所以会失败，是因为国家的运作在社会、法律，有时甚至在道德方面的约束都与其他网络行为者不同。而且，从国家的整体外交政策利益来看，在这些界限之外运作的代价实在太高了。尽管国与国之间的传统外交将始终发挥重要作用，但外交实力或者软实力也许无法融入数字世界。

例如，值得一提的是，在制定 21 世纪治国方略政策期间，安妮 – 玛丽·斯劳特担任国务院政策规划主任（一个极具影响力的政策职位），她提出的网络权力理论在本书第二章中有详细论述。她正确地指出，国家需要参与到这个新的数字空间中来，而国家只是众多行为者中的一个。然而，她的行事方式最终使国家享有特权。斯劳特和奈都认为，美国的利益和它试图影响的网络行为者的利益可以协调一致。国家的行为方式必须与数字世界相关。但数字外交的例子表明，这一理论有其局限性。

当外交的边界不断延伸到不仅影响国家还影响数字行为者时，从根本上说它们就会与其他外交政策项目和目标有所重叠，这必然会导致相互矛盾的方法和后果。由于这些更具侵略性的数字外交举措与无害的数字公共外交项目在相同的平台上实施，并且使用相同的工具，它们有可能给整个行业抹黑。如果是这样的话，那么强制性数字外交产生的过度负面影响就表明国家在其外交政策的主要领域中处于弱势。如果国家无法在数字空间采取有效的外交行动，那么外交本身的当代意义又表现在何处呢？

回到针对伊朗外交的竞争方式上来，如果目的是限制伊朗的核生产，那么到目前为止美国模式是有成效的。这是一个传统的外交目标，完全符合美国国务院的权限和能力。加拿大的项目已经进入一个更加模糊的空间。它无疑实现了接触伊朗公民的目标，但如果此举是试图通过建立公民社会和助长异议来影响伊朗政府，那么我们需要质疑加拿大政府是否有能力实现这一目标。我们必须考虑这样做的广泛影响，而我们还远不知道其会带来怎样的后果。作为一项倡议，它可能取得了成功，但它必须被视为更广泛外交政策的一部分，并最终据此加以评估。

另外，如果加拿大政府断定其传统的外交目标（在这种情况下，指的是影响伊朗政府）已经过时，那么它们将会面临一系列完全不同的挑战。当外交迈出了国家体系的界限并进入数字世界时，它必须遵守正在进行的“游戏”规则。正如我们在本书中看到的那样，在这个领域，规则、规范和能力都非常不同。正如我们在 21 世纪治国方略的例子中所看到的那样，国家这样做是非常不合适的，这意味着要承担更重大的风险，会影响其他一系列外交政策目标。

最终，数字外交的挑战根植于网络上国家权力的悖论，即国家要么无法在数字网络中发挥力量，要么这样做的战略代价过高。更重要的是，这种侵略性数字外交需要通过目标、工具和战略框架来运作，而正是这些目标、工具和战略框架扩大了外交的界限，并与其他外交政策目标相重叠，从而淘汰了外交实践。

第八章

算法的“暴力”

2010年12月，我在弗吉尼亚州泰森斯角（就在华盛顿特区郊外）参加了一个名为Palantir的情报分析软件项目培训课程。彼得·蒂尔是一位来自硅谷、信奉自由主义的亿万富翁，也是贝宝公司的联合创始人兼脸书的首位外部投资者。他与其他人联合创立的Palantir是一个设计巧妙的数据可视化和分析工具包，其用户包括美国国家安全局、联邦调查局、中央情报局，以及其他美国国家安全和警务机构。据我所知，我是参与该项培训课程的唯一普通民众，我利用这门课程探索Palantir在学术研究方面的应用潜力。

Palantir的设计目的是将尽可能多的数据汇集在一起，然后对这些数据进行标记，并试图理解这些数据。例如，一个军事行动区域的所有数据，包括基地地图、每日情报报告、任务报告，以及目前正在收集的大量监视数据，都可以在同一个平台上查看和分析，以确定其模式。Palantir兜售的愿景是对充斥着大量数据的混乱操作环境进行全面而充分的理解。这家公司有一种硅谷式的心态：战争就是地狱。面对充斥着大量数据的混乱操作环境，Palantir 能够拨开这重重迷雾。

Palantir 培训师带领我们进行了演示“调查”。每位学员都有一个计算机系统的工作站，都配有两个屏幕和各种数据集：已知叛乱分子的名单、每日情报报告、卫星监视数据和详细的城市地图。我们将这些数据一个接一个上传至 Palantir，每一个新的数据集都向我们展示了这个程序新的分析能力。数据越多，清晰度就越高——而当分析师面对大量的数据流时，这种情况通常是不会出现的。

在最后的操练中，我们添加了关于一名可疑叛乱分子的行程信息，Palantir 随即将一次会面的地点和时间与一个已知的炸弹制造者的行踪信息相关联。在“现实生活”中，下一步就是开展军事行动：发动无人机袭击，部署特种部队。Palantir 向我们展示了分析师如何高效地处理不同的数据源，以锁定使用暴力的目标。这次演示令人印象深刻，对于参加这门课程的政府分析师来说，这可能是一个容易兜售的卖点。

但是，当我离开泰森斯角的时候，我内心充满了疑问。我们输入并标记的数据包括输入错误和其他错误，也有我们无意识的偏见。当我们将一个人标记为嫌疑人时，该数据就作为一个离散的信息片段进入 Palantir 数据库，供有权限访问该系统的任何人查看和分析，脱离了我们评估背后所遵循的基本原理。Palantir 的算法——也就是使其系统“有用”的结论和建议——带有算法编写者的偏见和错误。例如，可疑的叛乱分子可能出现在多份情报报告里，一份称他是潜在威胁，另一份则提供了对他更细致的评估。当把这个可疑的叛乱分子和一个已知的炸弹制造者进行交叉对比时，你可以断定优先采用哪个分析。这些问题并没有拖慢 Palantir 的发展，其估值达到 10 亿美元，发展速度超过之前的任何一家美国公司，这主要归功于它的政府安全合同。2014 年，Palantir 的市值为 50 亿美元到 80 亿美元。

此外，使用它的分析师有大量的数据可以输入系统。我们周围的传感器收集数据的规模和精准度，在许多情况下接近实时全面监视。例如，地方执法机构使用的广域监视系统（也被称为“持续地面监视系统”），创建了视频摄像机网络，近乎实时地探测和分析犯罪行为。[1] 新型的广域监视系统不需要由单个摄像头组成的网络，而是可以同时拍摄数平方英里的高分辨率图像。美国国土安全部在亚利桑那州诺加利斯的沙漠上空约 610 米处安装了这样一个运动图像系统。在其投入使用的第一个晚上，系统就识别出了 30 名嫌疑人，他们被带走接受审问。[2]

这种类型的视频分析需要新的图像处理能力。例如，MATE 系统能探测到摄像机视野内的运动，而人的肉眼，甚至是受过训练的警官的眼睛都察觉不到，它还可以用在机场检测可疑的行李。CameroXaver 系统采用图像三维重建算法和超宽带传感器，来构建障碍物后面的物体轮廓。[3] 换言之，它能透视墙壁。

面部识别和其他生物识别技术也在迅速发展。在美国圣地亚哥，一个名为“自动区域司法信息系统”的试点项目将算法应用于实时视频的每一帧画面，随后能以每秒 100 万次的速度将人脸与数据库中的图片进行交叉比对。[4] 面部识别技术的创始人之一，物理学家约瑟夫·J. 艾提克警告说，不要让这种技术扩散，称它“基本上剥夺了每个人的匿名性”。一家名为 Extreme Reality 的公司开发了一种生物特征扫描系统，可以从监控视频中获取图像，创建一个人的骨架图，并将其作为检测可疑活动的基准。[5] 谷歌眼镜和其他微型相机将我们带入了一个没有隐私的世界，在那里所有行为都能被捕捉到。

仅仅收集这些数据是不够的，且计算机处理这些数据的能力也是有限的。但如果量子计算的研究继续以目前的速度发展，这些限制可能就会消失。[6]对于政治理论家詹姆斯·德·代元来说，这种计算能力的潜在革命性进步对国际秩序有着深刻的影响。任何拥有量子计算能力的人都将在控制和理解信息方面具有优势，这可能会导致一种新型的军备竞赛。那些拥有量子计算机的人在理论上可以预测股市，为全球天气模式建模，在人工智能领域取得重大进展，并且能够处理和理解大量实时监视数据。

正如德·代元所言，这可能标志着一个新时代和一场新形式的战争。“其目标是传达当代全球暴力的口头摹本，因为它从一场经典的脚本化的战争 1.0 转变到一场基于图像的战争 2.0，再转变到一种不确定的、概率的、依赖于观察的形式，这打破了文字、数字或图像的固定模式，那便是量子战争。”[7] 哲学家保罗·维利里奥警告说，未来可能会出现一种“信息炸弹”，灾难可能会在地球的任何一个地方同时发生。这个概念在理论物理学中得到了认可，但在社会科学中不被承认。正是出于这个原因，德·代元极力提倡将科学和数学整合到国际关系研究中。他解释说，必须消除学科边界，以支持一种“后古典方法”，即从传统上对战争的线性和系统性的理解，转向对其非线性和混乱的解释。

量子计算的潜在力量将信息控制置于战争的中心。时任美国国防部净评估办公室主任安德鲁·马歇尔曾说，“如果第一次世界大战是化学家的战争，第二次世界大战是物理学家的战争，那么第三次世界大战就是信息研究者的战争”。

· · ·

在历史的长河中，军事技术的自动化使得士兵和其目标之间的距离越来越远。弩、滑膛枪、机关枪和飞机等新技术带来比以前更远的射程，但它们仍然需要人工操作和决策。然而，在战斗中做出的决策也越来越自动化，从而消除了分析和行动之间人工干预的步骤。

机器人战争的理念，以及所承诺的保护，并不是什么新鲜事。1495 年列奥纳多·达·芬奇曾提出设计一个身穿盔甲、下面由滑轮组成的“机械骑士”。1898 年，尼古拉·特斯拉制造了一艘遥控船，他试图把它作为早期鱼雷卖给美国军方，这个想法在第一次世界大战中由德国人实施。美国率先在 1914 年研制出了陀螺仪制导炸弹。整个 20 世纪，自主武器的大多数进步都涉及导弹制导系统。20 世纪 50 年代至 60 年代，苏联和美国都开始研制能够自动纠正飞行轨迹的计算机制导炸弹。1978年，美国部署了第一个GPS（全球定位系统）卫星，开启了一个将显著提高无人机能力的系统。然而，这些系统并非绝对可靠。1988年，位于波斯湾的一艘美国战舰上的自动飞机防御系统误判，击落了一架商业客机，造成290人死亡。

然而，直到21世纪初，随着无人机技术和人工智能的进步，人们才开始意识到机器人战争的可能性。美国开始在阿富汗部署65架洛克希德·马丁公司生产的飞艇，这些飞艇一次可以在100平方公里范围内提供实时监视，并进行数据处理。[8]这些飞艇配备了高清摄像机和传感器，可以探测声音和运动。例如，360度Kestrel运动成像系统可以记录一个城市长达30天内发生的所有活动。为了处理所有信息，该系统只记录它认为有价值的活动，通过机器学习，它的判断会随着时间的推移而改变。

美国并不是唯一使用自动化技术的国家。俄罗斯部署了武装机器人来保护5个弹道导弹装置。每个机器人的重量接近1吨，能够以每小时45公里的速度移动，使用雷达和激光测距仪导航，分析潜在目标，并在没有人扣动扳机的情况下用机关枪射击。俄罗斯正计划大幅增加武装机器人的使用，据说每年能为军队节省开支超过10亿美元。[9]韩国的“超级宙斯盾2号”自动炮塔能够在完全黑暗的情况下锁定3公里外的目标，并自动发射机关枪、火箭发射器或地对空导弹。[10]目前，必须由人来下达最终的攻击决定，但这在技术上并不是必需的。韩国提议在其与朝鲜分隔开的动荡不安的非军事区部署“超级宙斯盾2号”。韩国和朝鲜的沟通非常糟糕，这使得这种在非军事区朝自动杀戮方向发展的举动非常危险。自动化也用于防御目的。以色列的“铁穹”是一种防空系统，其设计用于击落火箭和炮弹。以色列官员声称，自2011年3月投入使用以来，“铁穹”在前18个月就击落了逾400枚导弹。无人机，从之前描述的侦查飞艇到配有摄像头和其他传感器的微型无人机群，代表着另一项重大进步，这很有可能改变军事情报的收集和处理方式。

所有这些技术的基础都是计算能力。通过跟踪和记录人们移动的算法技术（在机场，通过信用卡数据、护照、视觉或数据监控技术），我们可以检测，并将风险归因于“规范”外的行为。这种规范的标准可以是人为的决定，也可以是计算的决定，但最终这些规范会被内置于算法中。自动化还能预测未来事件。随着机器学习和算法的发展，这一过程越来越远离人类的干预。

这种“远离”通过技术行动淡化了人类的责任。监控专家布鲁斯·施奈尔指出：“每当我们被算法评判时，都有可能出现误报……我们的信用评级依赖于算法，我们在机场安检时受到的待遇也是如此。”最令人担忧的是，无人机的目标定位功能并不完全基于算法监控。[11] 可以自行决策，甚至自行扣动扳机的全自动无人机仍处于研发阶段，但已在积极测试中。

正如2014年某国际组织关于自动化战争的一份报告所述：“全自动武器代表了超越远程控制武装无人机的阶段。与现有的武器不同，无须人类有意干预，这些机器人即可识别和射击目标。因此，它们将有权决定何时取人性命。”[12] 国际社会正对此予以关注。在过去的两年里，大量的学术和政策报告都讨论了自动化杀戮在法律、伦理和人权方面的影响，在 2014 年联合国特定常规武器公约会议上，自动化战争是一个有争议的话题。一项名为“阻止杀人机器人”的公民社会活动已经启动。

· · ·

自动化已经从根本上重塑了暴力的格局。正如“匿名者”可以在不占领离散的或相邻的地理空间的情况下行使权力一样，国家可以在不入侵敌方领土的情况下发动战争。实际上，这意味着国际和国内安全模式之间的差异已经消失。虽然支撑这一能力的技术已经开发了很长时间，但这一转变的决定性因素是美国“9 · 11”恐怖袭击事件。“基地”组织的分散网络袭击了世界另一端的全球超级大国的心脏。

作为回应，美国为了追击一个分散的组织，已经背离了国内和国际的法律和军事规范。在国内，布什政府开始按照其所谓的“百分之一主义”原则运作，意思是即使某一事件发生的概率为百分之一，政府也应该以确有此事的态度加以对待。这种原则，再加上“9 · 11”恐怖袭击事件本可以通过适当数据进行预测这一有争议的观点，导致了一种大规模数据收集文化的兴起，包括被爱德华 · 斯诺登曝光的美国国家安全局监控设备，以及大规模部署的摄像头、传感器和无人机。这些项目试图征服未知领域，就像 Palantir 的承诺一样，从不确定性中创造秩序。正如地理学家路易丝·阿莫尔所指出的那样，出于“风险管理”的目的，法律转而允许并接受使用大规模、侵入性的数据库来监视平民，尽管这可能会侵犯公民权利。[13]

引进这些新技术的合适地点就是边境。这种边境监视的新方法始于自动瞄准系统，该系统会在进口货物通过货船的集装箱抵达美国港口时，对其进行风险评分。随后，该系统被应用于跨越美国边境的人，它使用一系列数据，如财务记录、过去的旅行记录、出入境记录和地址、种族和宗教，以便立即进行风险评分。[14]这项技术用一个数学公式取代了曾经由移民官员做出的决定。2005 年，英国内政部和美国运输安全管理局开始在机场使用全身扫描仪，还在整个机场航站楼配置了运动分析摄像机，在众多的数据中又增添了新层面的生物识别数据。

这种空间界限的模糊具有法律含义。国际法理学家沃特·沃纳审视了自“9·11”恐怖袭击事件以来美国和以色列的安全政策，认为战争行为已经变得难以定义，且没有界限。沃纳指出，国家不愿意宣战，却经常给出暴力和有针对性的指令，这同样可能被视为战争。沃纳借鉴了德国政治学家卡尔·施密特的许多理论。施密特探究了“正当敌人”的概念，这是 16 世纪欧洲国际秩序的一个方面。“正当敌人”是基于一种平等的或值得尊敬的敌人的观念——一个与其对手具有类似的战斗能力和国际秩序地位的敌人，承认这一点是国际法的开始。当然，这主要适用于国家之间的战争。然而，施密特认为，随着全球化的到来和为战争开辟新空间的新技术的出现，“正当敌人”的观念正在衰落。“战争双方都有一定的获胜机会——

最小概率的获胜机会。一旦这种情况有变，对手就只能成为施暴的对象。战胜者认为，他们在武器上的优势表明了他们的正当理由，并宣布敌人是有罪的，因为‘正当敌人’的概念不再可能实现。”[15]

沃纳认为，“定点清除”的兴起也模糊了战争的法律定义。2006年，尽管人权组织提出抗议，以色列最高法院还是承认对个人进行定点打击是合法的。美国创造了新的“非法战斗人员”类别；同时，美国也认为“反恐战争”与其他战争有着根本的不同，敌人不应该得到同样的保护。一些学者将这种称谓与19世纪使用的“野蛮战士”进行了比较，他们认为“野蛮战士”是完全不同的，不属于国际体系，给予他们的保护只是一种选择，而不是对交战国的要求。[16]

沃纳认为，全球化的力量、后“9·11”冲突中不断变化的敌人属性，以及新技术的能力已经扩大了战争的界限。我们的“正义战争”概念所依据的法律和理论原则都在令人不安地扩大，以适应这一新的现实。

随着国家和国际定义的模糊，战争的工具和行为也延伸到了国内。为战场开发的工具现在正广泛应用于各国，从美国与墨西哥的边境开始。在边境内大约40公里的范围内，美国海关和边境巡逻队有权在没有搜查令的情况下入侵任何人的财产（包括计算机或手机）。[17]当国家将军事技术和战术延伸到战场之外时，这意味着什么？换言之，计算能力和基于监视的武器对战争与和平之间的界限有什么影响？

边境正迅速成为美国监控国家的试验场：隐蔽/隐藏式摄

像头、无人机和全天候电子监控，几乎都是自动化的。通过对“9·11”恐怖袭击事件后建立的美国国家情报和反恐基础设施的多年广泛调查，《华盛顿邮报》发现了一个几乎难以想象的庞大的国家安全机构。这项被称为“美国最高机密”的调查发现：

> 1 271 个政府机构和 1 931 个私人公司，在全美大约 1 万个地点，做着与反恐、国土安全和情报有关的项目；估计有 85.4 万人拥有最高机密的安全许可，人数几乎是华盛顿特区人口的 1.5 倍；自 2001 年 9 月以来，在首都华盛顿及周边地区，就有 33 处情报机构绝密办公场所已建成或正在建设，总办公面积约达 158 万平方米，相当于 3 座五角大楼或 22 座美国国会大厦的面积；有 51 个联邦组织和军事指挥部在美国 15 个城市专门负责追踪恐怖组织的经费流动；分析人士通过分析国内外间谍活动获取的文件和对话，每年发布的情报报告达 5 万份，以此来分享他们的判断。[18]

这个安全机构的影响范围是巨大的，涉及的资金、人员和资源的数量极其惊人。在美国，仅一年的情报预算就有 750 亿美元，这只占整个计划的一小部分。这种威胁并不明确，但却无处不在，其战场覆盖全球。规范和检查这种巨大能力的法律定义模糊，而且常常是秘密进行的。由于共享技术和数据，或是因为战场的重叠，国内与国际的界限越来越模糊。可以说，美国有成为“国家安全至上国”的可能。

如果发生这种情况，那将是对本书中所描述的颠覆性力量的一种例证。由于新的行为者被赋予可以在数字环境中行动的权利，无论他们是活动人士、人道主义者、记者还是恐怖分子，其行为方式都会破坏国家稳定，有时会使国家大吃一惊，因此国家可以通过控制网络来进行反击。国家要么必须控制一切，要么必须与这些新的颠覆性力量达成某种和解。以我们目前对美国监控情况的了解，以及对其似乎愿意部署的技术、军事和检察权力的了解，都表明美国至少在企图控制一切。

· · ·

如果我们真的要进入一场信息研究战，即第三次世界大战，那将是因为数字世界正在武器化。以之前在人道主义背景下讨论过的“谷歌地球”为例。对地球表面进行数字地图绘制，对于广泛的军事用途来说也是一种非常强大的工具，而且“谷歌地图”越来越多地被国家和个人用作目标定位工具。德国的一名普通公民使用“谷歌地球”，在中印边境发现了一个训练营；俄罗斯和韩国都要求谷歌模糊处理“敏感区域”；印度表示担心公共地图可能会进一步引发克什米尔的紧张局势；在美国，迪克·切尼的家和百事公司总部都能在地图上清晰地显示出来。正如俄罗斯联邦安全局宣称的那样，“恐怖分子不需要侦查他们的目标。现在一家美国公司正在为他们做这项工作”[19]。

文化历史学家布鲁斯·富兰克林概述了各个战争时期如何

拥有自己的“视觉风格”。越南有一种游击风格，是通过嵌入式记者在战场上拍摄粗糙的视频而打造的。然后是第一次海湾战争期间的驾驶舱视角，显示了前所未有的导弹袭击的图像，展现了超现实的（和高度误导性的）准确性。富兰克林指出，我们现在正处在一个“美化的无人机视角”时期。更重要的是，枪和摄像机是互相连接的。无人机既是一种“战争机器”，同时也是一种“监视机器”。随着每一代技术的发展，起到“监视机器”作用的无人机越来越精密，能够收集和处理的数据也越来越多。这种新型战争的独特之处在于，这些机器是由世界另一端的人通过图像本身来控制的。无人机的操作方式与电子游戏非常相似——虚拟世界控制着现实世界。[20]

战争“去空间化”的另一个重要后果是安全概念本身，尤其是我们如何确定什么是或什么不是安全问题，以及随后我们如何通过政府和媒体提供的文字、图像和影像，来制订我们处理这些问题的方法。

国际关系理论中的“安全化”概念基于这样一种理念：通过花言巧语，国家有权确定哪些议题应被视为安全问题。这带来的严重后果是既提高了人们对问题重要性的认识，也使人们倾向于以军事化的方式来处理问题。例如，20 世纪 90 年代，美国对非洲进行“安全化”，随后，美国部署了一个名为 AFRICOM 的新的区域指挥部。

在这种框架下，互联网和数字技术本身面临着被“安全化”的风险，并因此被纳入国家军事政策结构中。一旦一个敌人或一种威胁在网络生态系统中被发现，并被贴上标签，那么这个平台或这些技术本身就会成为被安全监视的对象。这就带来了有关战争的讨论、战争的资源和战争中要解决的当务之急。[21] 实践中的一个例子是，美国将“洋葱路由”匿名化软件的用户识别为潜在的威胁和监视对象，或让联邦调查局将网状网络技术的使用列为恐怖活动的指标。

著名学者巴里·布赞将“安全化”的独特特征描述为一种特殊的修辞结构，将问题提升到超越政治的生存危机领域。他认为，“在安全话语中，一个问题被戏剧化地大肆渲染，并被呈现为一个最重要的问题。因此，代理人将其标记为一个安全问题，并声称有必要且有权采取特殊手段来处理这个问题”[22]。

这种戏剧化行为的核心是图像和视频。就现代安全国家来说，这既意味着为了传播威胁而呈现的暴力图像，也意味着图像分析人员和空间数据处理对于实施实际安全行动的潜在重要性。

无论是在问题框架方面，还是在国家安全应对方面，我们都把这看作媒体的转变，这是十分有益的。我们必须超越国家使用的安全修辞，而着眼于整个社会是如何通过媒体来传播一种特殊的安全叙事。这并不意味着传统的安全机构正在失去权力；相反，这表明，安全叙事在具有不同紧急程度的行为者之间的传播，对于理解一种文化如何看待威胁以及支持哪种应对威胁的方式，是至关重要的。[23]

这种文化观点让国家将整个电信基础设施及其所有参与者视为安全问题。它促进了国际战争和国内安全的融合，并使得数字行为及其具体暴力表现之间的差别更加难以区分。

将数字世界既视为威胁又视为武器，这种行为使得国家将其看作战争对象，并模糊了交战双方和公民之间的界限。再加上国家在这一领域日益成熟所带来的权力——无论是通过自动化、生物识别技术，还是新的社会控制形式以及由此产生的暴力——让我们有理由质疑有关赋权的叙述，对此的探讨贯穿全书。

· · ·

现在，自动化暴力技术需要国家权力的控制。例如，要进行大规模的视觉监视，人们既需要精密的传感器部署平台，又需要强大的计算能力。尽管这两项技术在某种程度上越来越多地为个人和团体所用，但超级计算机、量子计算、军事化无人机和自动化武器在很大程度上仍属于国家的管辖范围。

然而，这些技术可能会被颠覆。曾有几起黑客组织侵入无人机计算机的事件，也有些黑客可能会侵入生物面部识别程序。一个无人机操作人员在优兔上发布社区被无人机袭击的视频，并报道无人机操作人员的生活——他们如何能在数英里之外实施战争行为，然后还能“回到家里与家人共进晚餐”。

其他国家也找到了反击的方法。2013 年，伊朗官员声称，黑客侵入了一架美国无人机，迫使其着陆，并重建了它的一些技术。据英国广播公司报道，伊朗官方正在一架被击落但毫发无损的 RQ-170“哨兵”隐形无人机周围巡视，这架无人机目前为美国中央情报局使用。伊朗方面声称，他们并没有将其击落，而是拦截了其GPS软件，以迷惑无人机，并迫使其降落。[24]美国否认了这次黑客袭击，声称是无人机的软件出现了故障。巴基斯坦声称，其通过仔细检查在抓捕奥萨马·本·拉登突击行动中被击落的直升机，也学会了如何拦截无人机。[25]《华尔街日报》报道，伊拉克叛乱分子利用已被广泛应用的、价值25美元的软件，成功侵入美国无人机，获取了无人机的视频画面。[26]

虽然没有生物识别软件被黑客入侵的记录，但研究人员发现，面部识别软件的编程存在缺陷，允许别人用假照片来混淆程序。[27]网上已有几篇关于普通民众入侵安全监控录像的报道。[28]一位设计师开发了一种“反无人机”服装，这种服装可以阻挡无人机的热追踪雷达。[29]这位设计师也在开发扭曲面部特征的化妆品，从而迷惑面部识别软件。[30]

虽然其中一些技术可以赋予非国家行为者权力，并且这一领域的公民能力将随着时间的推移而不断增强，但有几个原因表明，国家很可能继续主导算法暴力的使用。新兴安全国家的防御使公民处于恐惧状态，这意味着被监视的人常常觉得自己受到了识别“威胁”的技术的监视。挑战国家安全项目要付出非常高昂的代价。对过重处罚的担心，势必会阻止这一领域的破坏者。

但也存在一些技术壁垒。许多自动化技术需要一定水平的技术能力、计算能力和数据供应，而这些主要由国家获得。即使像谷歌这样拥有庞大计算能力的公司，在涉及国家安全时也常常服从于国家的意愿。这就造成了国家和个人之间，以及强国和弱国之间的不对称。尽管技术向较弱的国家和个人传播，但令人惊叹的新技术可能仍将由强国主导。

网络武器的未来会如何？作家丹尼尔·苏亚雷斯认为，因为这些计算化、自动化的工具集中了巨大的力量，它们是权力重新集中的预兆，也是对500年来走向更民主趋势的逆转。像微型无人机这样的远程军事部署工具，理论上可以让国家匿名杀戮。再加上机器学习和人工智能，有影响力的大国可以在持不同政见者获得关注之前，就将其作为目标锁定。这是一条通往匿名战争的道路。

苏亚雷斯认为，要解决这个理论上的反乌托邦，显而易见的办法是通过国际条约禁止机器人武器。尽管自动化可以提高精确度，但美国目前有一项指令，即战争中任何涉及死亡的决策都必须由人类参与。这个指令必须遵守，但我们也必须密切关注所有导致这一最终点的基于算法的决策。如果它们有偏见、有缺陷或基于错误的数据，那么人类将和机器一样犯错。然而，算法偏见和人类决策主观性之间的区别在于，接受过杀人训练的人类有时会出于良心而拒绝杀人。在我们能把伦理、道德和人性植入机器之前，人类的错误应该比机器的精确性更可取。

最终，如果国家愿意将数字空间变成一个亟待征服的战场，那么它仍然具有非常强大的力量，但这是以网络世界的长期生存和所有社会利益为代价的。它还代表了一种威斯特伐利亚秩序之下的社会契约的弱肉强食的观点，这种观点危及国家自身的合法性。公民自愿把主权给予国家，而且在将权力赋予国家的同时，也期望获得保护，免受人身威胁；与此同时，公民希望国家按照公认的民主社会规范进行治理。国家通过掠夺性手段提供保护措施，利用国家对公民的相对优势，却打破了这一协议。这就是国家面临的危机。

第九章

国家危机

由数字技术赋权的颠覆性创新者正在削弱许多被定义为20世纪国际事务的机构，这些机构包括：外交部、武装部队、发展机构、媒体集团以及联合国、世界银行和红十字会等国际组织。其中一些机构正在对此予以反击，并取得了一定成效。但这种权力动态正在发生永久性变化，这对国际体系产生了重要影响。一场巨大的权力再平衡正在进行中，而现在只是处于初始阶段罢了。哪些传统机构能毫发无损地度过这段动荡时期呢？它们要如何适应？它们能在多大程度上保持有效性和相关性呢？这些问题目前都尚无定论。

我仍然怀疑，那些在20世纪服务于国际社会的机构——那些在命令–控制型治理和经济活动时代中，建立在工业模式上的等级组织——能否服务于21世纪呢？而21世纪被定义的特点包括权力去中心化、数字访问和计算能力的飞跃。对于那些努力适应的机构来说，这个问题并没有消失。这种观念已经不像以前那么激进了。在《外交事务》杂志上一篇题为“不受控制的世界”的文章中，治理专家帕特里克·斯图尔特认为，国家主导的国际体系机构正在失去其有效性，在未来，“不具吸引力但适应性强的多边关系将持续出现、扩散，通过混乱的非正式安排和零零碎碎的方式，提供一定程度的国际合作”。这就是国家未来发展的趋势。从权力越来越大的分散式破坏性行为者的角度来看，即使是混乱的多边治理，似乎也是以国家为中心，同时又属于一个不同的时代。

由于等级组织的设计比较保守，其适应性也比较缓慢、谨慎，因此国际体系有充分的理由制定防止迅速演变的保障措施。设立这些的目的是维护问责制，并坚持法治。除了可以抛弃旧规范、建立新规范的危急时刻，这些机构还会通过缓慢的学习和极少数的领导变革行为发生变化。[1]改革也存在结构性障碍。由于必须为多种利益服务，大型机构常常会牺牲一定程度的效力，以保持其合法性。[2]

在私营部门，企业崛起、破产、消失，但在公共部门，创造性破坏则更为困难。外交部不会轻易地消失，并被初创企业取代。如果没有新的具有问责制的有效机构或网络代替国家机构，那么国家机构的消失将在国际体系中造成真正的缺口，使公民易受伤害。尽管现状有严重的缺陷，但国家分裂会造成高昂的代价；缺少治理会造成无政府状态、混乱、饥荒和战争。

然而，新的信息环境可能要求各国吸纳初创企业的某些特点。机构面临的挑战是如何重建、改革、重新设想和颠覆自己，以便在数字时代中保持影响力。例如，如前所述，美国国务院正在尝试数字外交。尽管结果令人担忧，但它已经开始适应了。与此同时，国家必须认定 / 确立减轻网络行为潜在危害的方法，并利用其政治、经济和监管权力来激励广泛符合公民利益的行为。

这绝不是一件轻而易举之事。正如本书所论述的，国家面临着一场根本性的危机。赋予数字行为者权力的属性（无定形性、不稳定性和协作性）恰恰是以国家为中心的传统机构需要克服的属性。尽管西方国家提供了各种额外的功能（提供安全保障、保护权利和自由、提供社会服务），同时也是具有高度适应性的机构（2014 年时的美国政府和 1914 年时的美国政府几乎没有相似之处），但是作为集体民主行为机制的国家垄断已经结束了。因此，国家将不得不做出选择，要么寻求绝对控制，同时对自由开放的数字系统以及民主治理的原则造成潜在的威胁；要么接受更高程度的不确定性，放弃某些权力，来维护新兴国际体系，并成为它的建设性参与者。

· · ·

这场国家危机至少有四个关键组成部分：民主合法性、监控国家的逆转、算法问责性和网络治理。解决其中任何一个方面带来的问题都不会是解决这场危机的灵丹妙药，所列的这几个方面也并非详尽无遗，还有更多的创新正在发展，更多重要的问题亟待解决。但幸运的是，在每一个方面，都有个人和团体在试验新的模式，并提出潜在的解决方案。这是国家必须参与的新局面。

民主合法性

德国海盗党成立于2006年，代表着数字革命以及向信息社会的转变。其地位与全球数字活动人士的行动紧密相关。该政党支持政府透明、网络隐私、民主权利、免费软件下载、专利和版权改革，以及网络中立性。该组织早期在德国取得了一些成功后，足迹现已遍及欧洲，在瑞典、意大利、奥地利、挪威、法国和荷兰都获得了支持。阿梅莉亚·安德斯多特来自瑞典，是欧洲议会的议员，也是一名数字版权活动人士，曾领导欧洲海盗党参与过2014年欧洲议会选举。

海盗党还依靠数字技术重新思考传统政党的治理流程，由此产生的所谓“流动式民主”是其主要创新之处。通过使用一个名为“流体反馈”的开源平台，所有海盗党成员都可以提出政策建议。获得成员10%支持率的提案将进入修正环节，在此期间可以提出替代方案，通过投票对竞争提案进行表决。在一个被称为“全面委托”的流程中，成员可以在某个问题或所有问题上委托其他成员代理。委托代理人可以使用他们已经获得的投票，也可以将他们的选票转给其他政党成员（某些在社区内很有声望的成员已经成为海盗党领袖）。成员不论何时都能收回委托给代理人的选票，为这些成员获得的权力增加了实时问责。正如柏林海盗党发言人英戈·博尔穆斯告诉Tech President网站的记者那样，“我们希望有效率的人获得权力并尽职尽责，但我们希望（草根阶级）能够控制他们”[3]。

流动性将委托民主与传统代议制民主区分开来。在传统的代议制民主中，一名民选官员在固定任期内代表他对所有议题的管辖权。在海盗党体系中，一个特定话题的专家，比如医疗保健，可以在他专业知识的问题上带头，但在其他问题上却要退居幕后。通过“全面委托”，具有多方面知识和经验的通才也可以成为共识型领袖。[4]

海盗党将“流动式民主”视作一项试验。正如柏林议会海盗党政客西蒙·魏斯所解释的那样，“如果你想把它作为一种组织事物的方式，那么你需要看看它是否真的有效，而我们正在自己身上做试验”[5]。

虽然我们还不知道“流动式民主”是否适合海盗党，更不用说其他政党了，但在西方世界大多数国家中政党体系已经萎缩，并且目前的政治话语状态严重脱离了技术工具，而这些技术工具能够有助于建立新的政策发展和问责制体系。正如我们所看到的，国家的掠夺性治理方式与西方社会中的社交是不一致的，这可能会破坏国家掌握权力的合法性。也许更严重的问题是，目前的治理话语使许多拥有实权的新兴行为者失去了合法性，正因为如此，这种治理也对21世纪的核心政策挑战视而不见。因此，在这些方面进行的试验越多越好。

这些治理试验并不局限于新政党。从埃及开罗的解放广场抗议示威运动和更广泛的“阿拉伯之春”运动，到“占领华尔街”运动及其分支，一种新的抗议运动形式正在酝酿之中。它的组织策略和结构可以说指向了新形式的临时社会组织，以抗议察觉到的权力滥用行为。这些临时社会组织依靠技术来促进开放式交流，避免在组织和计划中出现等级制度，并接受直接的政治行动来反对他们视作无效的、腐败的和中央集权的旧世界（无论对错）。Avaaz 是一个在全球拥有 3 200 多万成员的公民组织，其总裁兼执行董事里肯·帕特尔在谈到这两个运动时表示，我们看到的“不仅是一种新媒体，还是一种新政治，一种新的激进主义，一种新的民主政体。现在个人拥有前所未有的权力去获取和发表信息，去建立网络连接，去组织运动，去影响他人。权力和机构已变得极度分散”[6]。

正如记者兼政治科学家艾哈迈德·泰勒布所指出的那样，也许最重要的是，在这两个运动中，尽管那些参与者都反对现有的政治体系，但他们拒绝以任何形式参与现有的政治进程。相反，他们希望从选举体系之外影响政治话语和治理本质。[7] 这并不意味着政客没有利用这些活动人士的言论来获得支持。然而，泰勒布认为，这些运动树立了民主行为的榜样，以便理解生活在参与式民主国家意味着什么：“他们想看到自己在公民课上从未学过的东西。深思熟虑是什么意思？那是什么样的‘感觉’？简而言之，他们想‘自己动手，亲身体验’。但是技术扩展了‘乌托邦主义’，超越了抗议示威运动期间的集体感，甚至超越了每一次行动本身。”

这些试验都以公民为主导，涉及新形式的社会组织与治理以及全球激进主义，而其中许多都以技术为核心，这表明，那些在我们传统的机构和国家中最终被剥夺了公民权的人，既需要这些新模式，同时也正在推动这些新模式的发展。

监控国家的逆转

由于爱德华·斯诺登的泄密事件，我们现在知道了西方国家如何选择应对数字赋权的行为者的潜在威胁。用美国国家安全局的话来说，它们试图通过“收集所有信息”[8]来控制这些行为者。它们把数字网络当作一个新战场，一个可以征服的新战场。正如前面所讨论的，这种方法的问题在于，在寻求并锁定具有潜在威胁性的颠覆性行为者时，国家也要冒着失去互联网和数字网络所允许的所有积极利益的风险。在数字世界里，阿萨德支持的“叙利亚电子军”与美国支持的“叙利亚自由军”使用相同的工具和战术。尤其具有讽刺意味的是，它们正沿着这条危险的道路前进，却得到了一些公司的默许，有时甚至是明确的支持，而同样正是这些公司——也就是硅谷——在长期鼓吹颠覆性创新的益处。

爱德华·斯诺登对美国国家安全局的爆料中有一点被低估了，那就是美国政府与科技公司之间的密切关系。众所周知，美国电信在美国的监控中扮演着合作伙伴的角色，窃听的法律和后勤基础设施已被纳入允许电信运营的监管协议中。但硅谷表示，它们反对与政府秘密的合作关系，它们推崇的自由意志主义精神认为，没有任何政府或行业是技术官僚创新所不能有效取代的。叶夫根尼·莫罗佐夫所称的“解决方案主义”源于一种信念，即算法可以取代政府。

但随着科技公司日臻成熟，它们越来越受到联邦政府的监管。通过电子商务、联邦通信委员会的决定、言论自由立法、媒体监管、专利法、垄断裁决、国际贸易法、公司税收政策或反恐措施，国家和硅谷已经交织在一起，大型科技公司开始讨好和游说政府，而不是抵制监管。此外，硅谷的主要商业模式依赖于大规模数据挖掘技术。从脸书到谷歌、雅虎，再到推特，目标用户数据成为它们表面上免费产品的核心货币化资产。用户与这些公司达成协议，交易他们的个人信息（位置、朋友、照片、个人想法等），以获得免费服务和访问他人信息的共生利益。

这种新兴的信息交易，以及为实现其商业化而建立的基础设施，使公司更接近国家的利益。公司正在建设的数据存储和分析能力符合国家的监控需求。随着《爱国者法案》的通过，美国获得了大幅度加强国内监控的法律授权。但是收集大量数据并不容易。如果大型、成熟的公司愿意做这项工作，那就会容易得多。因此，通过直接的合作关系和颠覆性的黑客攻击，美国政府寻求硅谷支持，以实现其监控目标。

为什么曾经坚定信奉自由主义的硅谷高管们同意这种做法？首先，正如解释的那样，硅谷的这些大型科技公司越来越依赖国家政策和监管，它们不再是美国企业界好斗的局外人。其次，从更批判性的角度来看，我认为，披露它们与政府的关系威胁到了它们的核心业务：收集用户自愿（有些人会天真地这样认为）免费提供给它们的数据。在这方面，美国国家安全局泄密事件威胁到了硅谷的商业模式。

正当海盗党、“匿名者”和其他组织关注权力、自由和安全时，人工智能先驱雅龙·拉尼尔提出，我们的数据不应该免费提供，这对监控国家和硅谷来说都是一个挑战。在拉尼尔看来，大多数公民对计算机与人之间关系的理解并没有跟上技术的步伐；这种知识的缺乏让那些控制技术的人，无论是国家还是大公司，在我们免费提供信息的基础上，对社会拥有越来越大的影响力。拉尼尔将信息定义为“一个广义的术语，是指对商品、服务和文化产出的任何有意识的智力、艺术或实用主义的贡献，但它也包括我们仅仅通过展示特定的行为和消费者特征而无意识地辐射出来的数据”。

在 21 世纪，信息与资本主义早期阶段的私有财产具有同样的地位。信息是属于个人的私有财产，但由于其价值尚未得到承认，像谷歌和脸书这样的商业巨头在未经我们同意的情况下（可能在我们不知情的情况下）使用了它，而我们正在不加抵抗地放弃这种经济力量。因此，拉尼尔认为，人们需要将他们的数据商品化，以激励建立一个基于自由市场资本主义道德和原则的平等主义社会。拉尼尔建议，个人要认识到这个现象，并作为信息的拥有者采取行动。

虽然拉尼尔主要关注公民的数字权利，但他的非传统观点对正在走向监控国家的西方国家有着广泛的影响。如果信息具有经济价值，那么它就是国家不能没收的财产。

归根结底，监控国家并不仅仅代表国家的过度反应，而是经济和政治权力体系受到威胁的结果。拉尼尔的观点表明，一种截然不同的解决问题的方法（这里指的是国家监视、个人隐私和自由）能够带来全新的改革和政策。不管他的建议是不是可行，甚至是不是正确的方法，在我看来，显而易见的是，如果我们要解决本书中概述的巨大挑战，就需要超越传统政策话语的限制。

算法问责性

算法对我们生活的影响越来越大。无论是在警务、边境安全、无人机定位、税务执法、电子商务、银行、约会，还是在使用社交媒体方面，算法都在为我们做决定，这往往会带来严重的后果。未来研究所的一份白皮书预测，“治理会变得自动化，违法行为将变得更加困难……嵌入式治理会预防我们今天看到的许多违法和犯罪行为。枪支只有在合法注册的所有者操作下才能使用。办公室里的计算机将在工作 40 小时后自动关机，除非加班得到了批准。如果可以了解公民信息，如果可以下载各种法律文件以便立即规范并改变行为，那么灾难应急和检疫隔离也可以得到更有效的管理”[9]。因此，我认为，在这种反乌托邦的愿景中，道德准则、社会规范和人类判断被隐性算法和大量数据集所增强或取代，巨大的权力存在于这些算法和数据集的构建中，也掌握在监督这些算法和数据集的人和机构手中。

算法并不是中立的。它们是由人设计的，带有意识形态、偏见和机构授权。算法会辨别，也会犯错。然而，正如计算机记者和计算机科学家尼克·迪亚科波洛斯所指出的那样，让算法承担责任的问题在于它们是黑匣子。我们看不到谷歌的搜索算法，因为它是公司专有信息；我们也看不到通过处理美国国家安全局元数据来选择无人机目标的算法，因为它受到国家安全级别的保护。[10]

但正如记者安德鲁·伦纳德所警告的那样，我们越来越多地受到这种自动化软件的控制。他认为"可以称其为'算法监管''嵌入式治理''自动执法'，这些内置系统一定会无处不在……毫无疑问，与之前那些人类密集的官僚机构相比，它们会更迅速地采取行动，更无处不在，更铁面无私"[11]。

算法和人之间的互动已经变得非常重要，而且在很大程度上是不可见的，这当然对治理构成了真正的挑战。我们如何管理我们不知道的东西？一种方法是从让这些算法负起责任开始。不要把它们看作不可知的黑匣子，而应该把它们看作被设计、被构建并对与之交互的人产生影响的实体。这种方法需要承担法律责任——如果我被一个算法伤害了，我应该有权知道它是如何构建的，以及它是如何做出决定的。但这种立场也意味着民主问责制。在民主社会，过去我们同意集体的行为规则和治理规范。但这需要一种机制，通过这种机制我们可以知道自己是如何被治理的。如果算法代表了一个新的不受治理的空间、一个新的公共空间，那么算法就是对我们治理体系的冒犯，我们的治理体系需要一定的透明度和问责制才能发挥作用。存在于这些界限之外的公共空间对集体治理概念本身是一种威胁。其核心是一个深刻的自由意志主义概念——如果各国想要继续与其数字公民保持联系，它们就必须认真对待这一概念。[12]

网络治理

互联网一个引人注目的方面是，通过普遍使用一种共同的技术，可以赋予人们权力。虽然政治、经济和社会因素会影响互联网的使用，但一旦用户上网，他们就可以在世界任何地方做同样的事情。正是由于这种共同的探索、学习、交流和构建的自由，互联网才产生了许多益处。这种普遍性解释了为什么互联网权利运动如此强调网络访问、网络隐私和网络安全，并如此强烈地抵制国家审查和公司控制。

总有一些人想要控制互联网。一些政权试图监督、审查、限制和控制它们国家的互联网访问。正如我们在“阿拉伯之春”运动中所看到的那样，能够让人们组织起来，找到共同目标，并对抗等级权力的这项技术，其本身也可以成为监视和控制社会的理想工具。2015 年，国际社会将重启联合国关于互联网治理条约的谈判。谈判的一方是美国及其盟友，它们希望互联网继续由总部设在美国的一小群非营利组织运营。谈判的另一方是巴西、印度和伊朗等国家，它们希望建立一个新的全球机构来监管互联网。

在俄罗斯和伊朗等地，我们正在看到一种新的趋势，要么大规模地审查和控制国家互联网，要么更彻底地创建与世界其他地方隔绝的国家互联网。爱德华·斯诺登披露的美国国家安全局行动，推动了互联网“巴尔干化”。2014 年 4 月，俄罗斯总统在圣彼得堡的一个媒体会议上表示，互联网是由美国中央情报局打造的，他也暗示希望建立一个由俄罗斯运营的替代网络。

多重互联网，也被称为“分裂式互联网”。根据美国国家安全局披露的信息，欧盟和金砖国家（巴西、俄罗斯、印度、中国和南非）正在把基于美国的技术、公司和服务器转移到本地的互联网基础设施上。伦敦政经学院媒体政策项目的一份报告概述了这些国家如何越来越关注“隐私主权”，并希望加强对互联网的技术控制。该报告称，巴西和德国正在推动通过国家法律，“要求与本国公民相关的数据存储在本地，而不是通过互联网传送到美国国家安全局的管辖范围内”。欧盟国家正在考虑撤销与美国的数据共享协议（这是否真的能保护它们免受美国国家安全局的监控还存在争议，因为在这些“本地”公司中有许多公司实际上是美国公司的子公司，因此它们仍然受美国法律的约束）[13]。

巴西前总统迪尔玛·罗塞夫在联合国大会上发表讲话，呼吁其他国家切断与美国互联网的联系，发展自己的技术和治理结构。巴西正试图在南美和其他地区铺设电缆，包括一条从俄罗斯符拉迪沃斯托克（原名海参崴）到巴西福塔雷萨（途经中国汕头、印度金奈和南非开普敦）的3.4万公里海底光纤电缆，使其成为一个完全属于金砖国家的网络。开放技术研究所的创始人萨沙·梅因瑞斯写道，“互联网正朝着危险的方向发展，就像欧洲的铁路系统一样，不同的电压和20种不同的信号技术迫使运营商在系统间切换、关闭系统，甚至使用另一个‘火车头’，导致延误、低效和更高成本”[14]。

在各国都在寻求建立国家互联网的同时，个人和团体也正在建立自己的微型网络，为不属于大型电信和互联网服务提供商的用户提供访问，或者在国家和公司控制之外运作。本地网状网络可以通过它们的任何节点连接到更广泛的网络，也可以完全脱离网络存在。Meshnet 项目是由社交新闻网站 Reddit 的一群用户创建的，他们试图“创建一个多功能的、去中心化的网络，该网络基于安全协议，用于独立于中央支持基础设施的私有网状网络或公共互联网上的路由流量”[15]。他们解释说，互联网名称与数字地址分配机构（说白了，就是美国政府）控制着互联网的基本结构，他们还提倡通过本地网状网络彻底将互联网架构去中心化，允许点对点的加密流量“完全不受”任何形式的审查。这些网络“可以由多种物理链路——无线网络、光纤、无线光通信、以太网电缆——连接成一个可持续访问的更大的全球性网络”[16]。

网状网络也在国际上流行起来。《新科学家》杂志报道，西班牙加泰罗尼亚自治区一个名为 Guifi 的网络在 2013 年 8 月已有超过 21 000 个节点。Guifi 网络可以托管网络服务器、视频会议和广播，即使西班牙其他地方断网，它也能保持在线。[17] 希腊有一个类似的项目叫作雅典无线城域网，包括超过 1 000 根屋顶天线。正如一位用户所说：“当你运行自己的网络时，没有人可以关闭它。”[18]

同样，就在联合国谈判寻求规范互联网域名系统时，新的并行系统也正在开发。一个叫作“开放和去中心化的域名系统”是基于点对点网络的，它公开共享用户的域名和相关的互联网协议地址。其创始人吉米·鲁道夫说，他建立这个系统是为了“向政府表明，阻止人们说话是不可能的”[19]。正如一名黑客对网络评论家迈克尔·格罗斯所说的：“政府越试图监管，就会有越多的人试图建立一个无法审查、无法过滤、无法屏蔽的互联网。”他们要规避国家控制。

更糟糕的是，正如约凯·本克勒所说，与这股潮流做斗争将会使政府“与社会中一些最具活力的网络群体产生矛盾”，这带来了切实的政策后果：“社会如果致力于消除那些助长‘匿名者’的因素，就会有失去互联网开放性和不确定性的风险，而正是这些开放性和不确定性特点，才使互联网有如此多的创新、表达和创造力。”[20]

在分裂式网络和网状网络趋势中出现的明显问题是，它们将美国政府、互联网名称与数字地址分配机构和互联网监管组织的监管范围置于何种地位，这三者的监管范围正日益边缘化，这也愈加成为一个全球面临的普遍问题。如果一个政府关心如何保护个人，并赋予个人权力，那么保护他们的网络自由就应该成为外交政策的重点。然而，重启联合国互联网条约谈判的国家却反对让组成网络的个人和团体代表坐在谈判桌前。

如果一个国家接纳了生活在网络世界中的人们的声音、价值观和属性，那么它对互联网的政策会是怎样的呢？如果一项外交政策果断地为赋予21世纪力量的根本基础寻求保护，那么它会怎样呢？

· · ·

《代码即权力：新世界秩序如何巩固旧秩序》一文构思缜密，其中，开放技术研究所的乔丹 · 麦卡锡引用了互联网权力先驱约翰 · 佩里 · 巴洛的《网络空间独立宣言》。巴洛对于去中心化网络的权力持乐观态度，认为它可以对抗更具压迫性的经济和政治治理体系。对于巴洛来说，数字领域“是一种自然行为……通过我们的集体行动发展壮大”。他说，数字领域是“财产、表达、身份、活动和情境的法律概念都不适用”的领域，是“任何人……无论他的信仰多么奇特，都可以自如地表达，而不用担心被迫禁言或强制顺从”的领域，是“治理将会……从伦理、开明的利己主义和公益主义中产生”的领域。[21]

但正如我们所看到的，虽然数字技术使去中心化的行为者成为可能，但数字技术本身并不是中立的工具。数字技术赋予那些构建和理解如何使用它们的人以权力。因此，传统机构的消亡并不是数字革命的唯一选择，相反，这些机构有可能围绕新技术的能力重新建构。在许多情况下，从代码的强大功能中获益最多的是现有的机构。与颠覆性理论相反，这是许多机构所做的：吸收技术，并使这些技术与它们的核心目标相一致。如果传统的和强大的机构能够塑造像比特币这样的技术的本质，那么这种本质肯定会限制它们的破坏性潜力。但加密无政府主义者不会消失，国家也几乎无法阻止他们。

为了表明参与数字对话的意愿，各国及其外交政策可以采取一些措施。

首先，各国可以接受颠覆。各国必须推动国际体系的重新建构，而不是将过去时代的国家机构搬到网上。要做到这一点，就需要确定那些最充分利用当代网络的行为者，并扩大这些行为者的规模，以形成一种新型的国际机构。国家必须全面了解像“匿名者”这样的组织所代表的颠覆性，以便确定构建机构设计和机构行为的新方法。我们现有的全球机构是由 20 世纪掌权的行为者所设计、建立和管理的。但是如果一个国际组织包含了我们现在所知的数字世界中拥有权力的行为者，那么这个国际组织会是什么样子呢？如果一个国际组织中包含了“匿名者”和 Telecomix 等国际黑客组织，那么这意味着什么呢？有一点需注意，对于机构是什么以及它如何运作，这是两个完全不同的概念。

其次，真正网络化的外交政策将不惜一切代价寻求保护这一网络。在促进个人权利和自由方面，为了将这些新的行为者补充进来，各国必须从根本上反思网络治理。各国不能把网络治理看作监管这些私人行为者的一种方式，而是必须接受这样一个事实：这些新的行为者不仅具有自我监管能力（或许还会超出监管范围），而且是实现个人权利和自由的关键。他们可以成为执行西方国家集体行动的盟友。因此，对允许这些新的私人行为者蓬勃发展的体系予以保护是符合国家利益的。

最后，各国应支持增强技术能力。因其具有复杂性，当代国际网络赋予了国家多重角色：技术的生产者、消费者和协调者。这种角色的核心是一个悖论：使政府能够监督和控制其公民的工具是由西方科技公司制造的。如果国家寻求的是突出个人的国际议程，那么它们必须认识这些矛盾，并确保始终以个人权利和自由的名义采取行动。

然而，还有另一种诱惑，我担心它会成为决定性的因素。正如之前对算法“暴力”的探索所表明的那样，国家整合并筹划好数字技术，往往会产生显著效果。即便道德成本非常高，国家仍可以选择寻求对数字生态系统的绝对控制。但国家在试图限制数字化赋权带来的威胁时，也将最终破坏数字化赋权带来的好处。最终，要么放弃一些权力和控制以维持新兴体系，要么寻求绝对控制，各国必须在这两者之间做出选择。

1648 年签署的《威斯特伐利亚和约》结束了不同帝国之间长达一个世纪的冲突和不稳定。这些帝国曾经是绝对的统治力量，现在正在失去对其领土和公民的控制，部分原因是大量新技术的引入。通过将国家合法化为国际体系中的主要主权单位，并赋予其权力和责任以保障公民的福祉，该和约在日益混乱的全球体系中创造了秩序和稳定。

今天我们到了类似的时刻。国家作为国际体系的主要单位，其权力和合法性正受到来自很多新的个体、团体和自组织网的挑战，而这些个体、团体和自组织网都是由数字技术赋权的。尽管国家有能力进行反击，但这样做会危及这个新兴的体系。

在数字化世界里，在赋权过程中所引发的混乱、无序局面依然存在的情况下，是否会发生类似的权力重新建构，目前尚无定论。

注 释

第一章

1. Kelly, Brian. (2012). "Investing in a Centralized Cybersecurity Infrastructure: Why 'Hacktivism' Can and Should Influence Cybersecurity Reform," *Boston University Law Review* 92.5: 1663–1710, p. 1678.
2. Landers, Chris. (2008). "Serious Business: Anonymous Takes on Scientology," *CityPaper*, April 2, www2. citypaper.com/columns/story.asp?id=15,543.
3. Benkler, Yochai. (2012). "Hacks of Valor: Why Anonymous Is Not a Threat to National Security," *Foreign Affairs*, April 4, www.foreignaffairs.com/articles/137382/yochai-benkler/hacks-of-valor.
4. "Anonymous gain access to FBI and Scotland Yard hacking call," *BBC*, February 3, 2012, http://www.bbc.com/news/world-us-canada-16875921.
5. "FBI names, arrests Anon who infiltrated its secret conference call," *Art Technica*, March 6, 2012, http://arstechnica.com/tech-policy/2012/03/fbi-names-arrests-anon-who-infiltrated-its-secret-conference-call/.
6. "'Anonymous' Follows Hacking Of FBI-Scotland Yard Phone Call With Attacks," *NPR*, February 3, 2012, http://www.npr.org/blogs/thetwo-way/2012/02/03/146350626/anonymous-follows-hacking-of-fbi-scotland-yard-phone-call-with-attacks.
7. Sengupta, Somini. (2012). "The Soul of the New Hacktivist," *New York Times*, March 17, www. nytimes.com/2012/03/18/sunday-review/the-soul-of-the-new-hacktivist.html?_r=0.
8. Bower, Joseph L., and Clayton M. Christensen. (1995). "Disruptive Technologies: Catching the Wave," *Harvard Business Review*, January, http://hbr.org/1995/01/disruptive-technologies-catching-the-wave/.
9. Clayton, Christensen. (2011). *The Innovator's Dilemma: The Revolutionary Book That Will Change the Way You Do Business*. New York: Harper Business (first published in

1997).

10. Christensen, Clayton, Heiner Baumann, Rudy Ruggles, and Thomas M. Sadtler. (2006). "Disruptive Innovation for Social Change," *Harvard Business Review*, December,http://hbr.org/2006/12/disruptive-innovation-for-social-change/ar/1.
11. "Planet Blue Coat: Mapping Global Censorship and Surveillance Tools," *Citizen Lab*, January 2013, https://citizenlab.org/wp-content/uploads/2012/07/01-2011-behindbluecoat.pdf.
12. "Pentagon Bans Towleroad, AMERICAblog Sites for Being 'LGBT.' Coulter, Limbaugh OK," http://americablog.com/2013/01/pentagon-bans-gay-web-sites.html.
13. Gallagher, Ryan. (2011). "Governments Turn to Hacking Techniques for Surveillance of Citizens," *Guardian*, November 1, www.theguardian.com/technology/2011/nov/01/governments-hacking-techniques-surveillance.
14. Marks, Paul. (2011). "Global Surveillance Supermarket Offered to Dictators." *One Per Cent*, December 1, www.newscientist.com/blogs/onepercent/2011/12/surveillance-supermarket-offer.html.
15. Morozov, Evgeny. (2011). "Political Repression 2.0," *New York Times*, September 1, www.nytimes.com/2011/09/02/ opinion/political-repression-2-0.html?_r=0.
16. Horwitz, Sari, Shyamantha Asokan, and Julie Tate. (2011). "Trade in Surveillance Technology Raises Worries," *Washington Post*, December 1, www.washingtonpost.com/world/national-security/trade-in-surveillance-technology-raises-worries/2011/11/22/gIQAFFZOGO_story.html.
17. "Enemies of the Internet: Surveillance Dealerships," Reporters without Borders, March 2014, http://12mars.rsf. org/2014-en/2014/03/11/arms-trade-fairs-surveillance-dealerships/.
18. Gallagher, "Governments Turn to Hacking Techniques."
19. Newton-Small, Jay. (2012). "Hillary's Little Startup: How the U.S. Is Using Technology to Aid Syria's Rebels," *TIME*, June 13, http://world.time.com/2012/06/13/ hillarys-little-startup-how-the-u-s-is-using-technology-to-aid-syrias-rebels/#ixzz2dxRqAD6q.
20. Peterson, Andrea. (2013). "The U.S. Isn't Bombing Syria Yet. But It Is Providing Tech Support to the Rebels," *Washington Post*, September 3, www.washingtonpost.com/blogs/the-switch/wp/2013/09/03/the-u-s-isnt-bombing-syria-yet-but-it-is-providing-tech-support-to-the-rebels/.
21. Crawford, Jamie. (2012). "U.S. Aid to Syrian Opposition Includes Specialized

Communications Equipment," *CNN*, April 2, http://security.blogs.cnn.com/2012/04/02/u-s-aid-to-syrian-opposition-includes-specialized-communications-equipment/.

22. Newton-Small, "Hillary's Little Startup."
23. 9 月 11 日是美国发生三起相关恐怖袭击的日期。
24. Kopstein, Joshua. (2014). "The NSA Can 'Collect-It-All,' but What Will It Do with Our Data Next?" *Daily Beast*, May 16, www.thedailybeast.com/articles/2014/05/16/ the-nsa-can-collect-it-all-but-what-will-it-do-with-our-data-next.html.
25. Kopstein, "The NSA Can "Collect-It-All."
26. Norton, Quinn. (2014). "A Day of Speaking Truth to Power: Visiting the ODNI," *Medium*, March 12, https://medium.com/quinn-norton/dbc0669aa9ca.
27. "How Al-Qaeda Uses Encryption Post-Snowden (Part 2)—New Analysis in Collaboration with ReversingLabs," *Recorded Future*, August 1, 2014, www.recordedfuture.com/al-qaeda-encryption-technology-part-2/.

第二章

1. Lamborn, Alan C., and Joseph Lepgold. (2002). *World Politics into the 21st Century: Unique Contexts, Enduring Patterns*. Upper Saddle River, NJ: Prentice Hall.
2. Clark, William R., Matt Golder, and Sona N. Golder. (2012). "The Origins of the Modern State," in *Principles of Comparative Politics*. London: Sage, https://files.nyu. edu/sln202/public/chapter4.pdf.
3. Hobbes, Thomas. (1994). *Leviathan*. Edwin Curley, ed. Indianapolis, IN: Hackett, pp. 75–76.
4. Carneiro, Robert L. (1970). "A Theory of the Origin of the State," *Science* 169.3947: 733–738, http://abuss. narod.ru/Biblio/carneiro_origin.htm.
5. Tilly, Charles. (1985). "War Making and State Making as Organized Crime," in *Bringing Back the State*, ed. Peter Evans, Dietrich Rueschemeyer, and Theda Skocpol. Cambridge: Cambridge University Press.
6. North, Douglass. (1981). *Structure and Change in Economic History*. New York: W.W. Norton.
7. Ahmad, Rana E., and AbidaEijaz. (2011). "Modern Sovereign State System Is under Cloud in the Age of Globalization," *South Asian Studies* 26.2: 285–297.
8. Held, David, and Anthony McGrew. (1998). "The End of the Old Order? Globalization

and the Prospects for World Order," *Review of International Studies* 24.5: 219–245.

9. Keohane, Robert O., and Joseph S. Nye Jr. (1998). "Power and Interdependence in the Information Age," *Foreign Affairs* 77.5: 81–94.
10. Castells, Manuel. (2004). "Afterword: Why Networks Matter," *Demos*, online archive, http://www.demos.co.uk/files/File/networklogic17castells.pdf.
11. Castells, "Afterword."
12. Castells, "Afterword."
13. Kahler, Miles, ed. (2009). *Networked Politics: Agency, Power, and Governance*. Ithaca, NY: Cornell University Press.
14. Kahler, *Networked Politics*.
15. Lake, David A., and Wendy Wong. (2009). "The Politics of Networks: Interests, Power, and Human Rights Norms," in *Networked Politics: Agency, Power, and Governance*, ed. Miles Kahler. Ithaca, NY: Cornell University Press, pp. 27–150.
16. Shirky, Clay. (2008). *Here Comes Everybody: The Power of Organizing without Organizations*. NewYork: Penguin Press.
17. Benkler, Yochai. (2011). "Networks of Power, Degrees of Freedom," *International Journal of Communication* 5: 721–755.
18. Benkler, "Networks of Power."
19. Slaughter, Anne Marie. (2009)."America's Edge: Power in the Networked Century," *Foreign Affairs* 88.1: 94–113.
20. Kahler, *Networked Politics*.
21. Slaughter, Anne Marie. (2004). "Sovereignty and Power in a Networked World Order," *Stanford Journal of International Law* 40: 283.
22. Slaughter, "America's Edge."
23. Slaughter, "Sovereignty and Power," p. 283.
24. Ammori, Marvin. (2005). "Private Regulation, Free Speech, and Lessons from the Sinclair Blogstorm," *Michigan Telecommunications and Technology Law Review* 12.1: 1–75, pp. 43–46.
25. Froomkin, Michael. (1997). "The Internet as a Source of Regulatory Arbitrage," in *Borders in Cyberspace: Information Policy and the Global Information Infrastructure*, ed. Brian Kahin and Charles Nesson. Cambridge, MA: MIT Press, p. 129.
26. Albert, Reka, HawoongJeong, and Albert-László Barabási. (2000)."Error and Attack Tolerance of Complex Networks," *Nature* 406: 378–382.

27. Froomkin, "The Internet."
28. Godin, Seth. (2001). *Unleashing the Ideasvirus*. Dobbs Ferry, NY: Hyperion.
29. Morozov, Evgeny. (2011). *The Net Delusion: The Dark Side of Internet Freedom*. New York: Public Affairs.
30. Ammori, "Private Regulation."
31. Lessig, Lawrence. (1998). "The New Chicago School," *Journal of Legal Studies* 27.S2: 661–691.
32. Benkler, Yochai. *The Wealth of Networks: How Social Production Transforms Markets and Freedom*. NewHaven, CT: Yale University Press, http://cyber.law.harvard.edu/wealth_of_networks/index.php?title=Text_Part_One.
33. Sundén, Jenny. (2003). *Material Virtualities: Approaching Online Textual Embodiment*. New York: Peter Lang.
34. Castells, Manuel. (2000). "Information Technology and Global Capitalism," in *On the Edge: Living with Global Capitalism*, ed. Will Hutton and Anthony Giddens. London: Jonathan Cape.
35. Wendt, Alexander. (1992). "Anarchy Is What States Make of It," *International Organization* 46.2: 392.
36. boyd, danah. (2008). "Why Youth (Heart) Social Network Sites: The Role of Networked Publics in Teenage Social Life," in *Youth, Identity and Digital Media*, ed. D. Buckingham. Cambridge, MA: MIT Press, pp. 119–142.
37. Haythornthwaite, Caroline. (2005). "Social Networks and Internet Connectivity Effects," *Information, Communication & Society* 8.2: 125–147.
38. Shirky, Clay. (2001). "Listening to Napster," in *Peer-to-Peer: Harnessing the Power of Disruptive Technologies*, ed. Andy Oram. Sebastopol: O'Reilly and Associates.
39. Shirky, *Here Comes Everybody*.
40. Considine, Mark. (2005). "Partnerships and Collaborative Advantage: Some Reflections on New Forms of Network Governance," background paper, Centre for Public Policy, December 14.
41. Castells, "Information Technology and Global Capitalism."

第三章

1. Greenberg, Andy. (2011). "Meet Telecomix, the Hackers Bent on Exposing Those

Who Censor and Surveil the Internet," *Forbes*, December 26, www.forbes.com/sites/andygreenberg/2011/12/26/meet-telecomix-the-hackers-bent-on-exposing-those-who-censor-and-surveil-the-internet/.

2. Fein, Peter. (2011). "Hacking for Freedom," http://i.wearpants.org/blog/hacking-for-freedom/.
3. KheOps.(2011). "#OpSyria:When the Internet Does Not Let Citizens Down," *Reflets.info*, September 11, http://reflets.info/opsyria-when-the-internet-does-not-let-citizens-down/.
4. KheOps, "#OpSyria."
5. Greenberg, "Meet Telecomix."
6. Fein, Peter. (2012). "Democracy Is Obsolete," paper presented at the Personal Democracy Forum conference, www.youtube.com/watch?v=SsW4rAS1gao.
7. Fitri, Nofia. (2011). "Democracy Discourses through the Internet Communication: Understanding the Hacktivism for the Global Changing," *Online Journal of Communication and Media Technologies* 1.2 (April), www. ojcmt.net/articles/12/121.pdf.
8. Arendt, Hannah. (2012). In *der Gegenwart:Übungen im politischen Denken II*. München: Piper. In English: Arendt, H. (1972). *Crises of the Republic: Lying in Politics, Civil Disobedience on Violence, Thoughts on Politics, and Revolution* (Vol. 219). Boston: Houghton Mifflin Harcourt, p.299. Cited in "Re-thinking Civil Disobedience," by Theresa Züger, in *Internet Policy Review*, http://policyreview.info/articles/analysis/re-thinking-civil-disobedience.
9. 哲学家、宪法理论家罗纳德·德沃金认为，公民不服从有三种形式。“基于诚信”的公民不服从是指公民不服从他 / 她认为不道德的法律，就像美国北方人不服从逃亡奴隶法，拒绝将逃亡奴隶交给当局一样。“基于正义”的公民不服从是指公民为了对其被剥夺的权利提出要求而不遵守法律，就像黑人在民权运动中的非法抗议一样。“基于政策”的公民不服从是指一个人为了改变他 / 她认为是危险的、错误的政策而违犯法律。正是这些基本原理以及社会成员应遵守的法律的相关程度，才构成了大多数关于公民不服从的界限的辩论核心。霍华德·津恩说：“普遍服从法律没有社会价值，就像普遍违犯法律没有价值一样。”也就是说，“当一项基本人权受到威胁，而法律渠道不足以保障这项权利时，公民不服从不仅是正当的，而且是必要的”。1961 年，哲学学者雨果·亚当·贝多将公民不服从定义为“一种与法律相对，以改变法律或政策为目的的公共、非暴力的政治行为”。这种观点后来被贝多拓展到了法律范围内的行为。政治哲学学者罗宾·西利凯特斯也表达了这种抗议的含义，他将公民不服从定义为“一种有意的、非法的集体抗议行动，它基于一定的原则，旨在改变（比如阻止或强制执行）某些法律或政治措施”。约瑟夫·拉兹对此表示赞同。

10. McCormick, Ty. (2013). “A Short History of Hacktivism,” *Canberra Times*, May 10, www.canberratimes.com.au/technology/technology-news/a-short-history-of-hacktivism-20,130,510-2jbv0.html.
11. Norton, Quinn. (2013).“The Words of a Troll,” *Medium*, https://medium.com/quinn-norton/the-words-of-a-troll-d3ed1ce63615.
12. Ludlow, Peter. (2010). “WikiLeaks and Hacktivist Culture,” *The Nation*, September 15, www.thenation.com/article/154780/wikileaks-and-hacktivist-culture%22%20%5Cl%20%22ixzz2VY3woFXN.
13. Critical Art Ensemble. (1996). “Electronic Civil Disobedience and Other Unpopular Ideas,” www.critical-art. net/books/ecd/.
14. Sauter, Molly. (2013). “The Future of Civil Disobedience Online,” *i09*, June 17, http://io9.com/the-future-of-civil-disobedience-online-512,193,648.
15. Sauter, “The Future of Civil Disobedience Online.”
16. 亚历山德拉·塞缪尔在她关于黑客主义的政治科学博士论文中，建立了一门黑客主义类型学，表明围绕一系列非常广泛的行为和行为者，将语言和政策军事化或证券化是多么具有破坏性。塞缪尔将激进主义定义为“以非暴力方式使用非法或法律上模棱两可的数字工具来追求政治目的”，但随后将这一定义纳入了一个广泛的活动范围，其中的每个活动都处在非法和潜在恶意的范围之内。这包括：公民不服从，比如现实世界的静坐示威和在线的虚拟静坐示威；网络激进主义，包括从 MoveOn.org 网站的运动组织到正式的政治运动；黑客行为，可以是明确的政治或非政治行为；还有网络恐怖主义，从网络上的违法行为到意图转变到现实世界中的暴力行为，比如侵入空中交通管制塔，导致飞机坠毁。
17. Ronfeldt, David, and John Arquilla. (2001). “Networks, Netwar and the Fight for the Future,” *First Monday*6.7 (October), http://ojphi.org/ojs/index.php/fm/article/view/889/798.
18. Ronfeldt and Arquilla, “Networks, Netwar and the Fight for the Future.”
19. Denning, D. E. (2000). “Cyberterrorism: Testimony before the Special Oversight Panel on Terrorism, Committee on Armed Services, US House of Representatives” (Vol. 23). Washington, DC, May.
20. Coleman, G. (2013). “Anonymous in Context: The Politics and Power behind the Mask,”

Internet Governance Papers, 3.

21. 2012年11月29日，克里斯·赫奇斯发表声明，支持杰里米·哈蒙德对公平审判的呼吁。http://andystepanian.tumblr.com/post/36815485693/statement-by-chris-hedges-in-support-of-jeremy。
22. Vivien Lesnik Weisman. (2013). "Weev, the Hacker Who Didn't Hack AT&T," *Huffington Post*, March 25, www.huffingtonpost.com/vivien-lesnik-weisman/weev-hacker-att_b_2,948,173.html.
23. Dishneau, David. (2013). "Audio of Bradley Manning explaining why he leaked U.S. secrets posted online. CTV News," March 12, www.ctvnews.ca/world/audio-of-bradley-manning-explaining-why-he-leaked-u-s-secrets-posted-online-1.1192840#ixzz31vWOJXKK.
24. Worthington, Andy. (2013). "UN Torture Rapporteur Accuses US Government of Cruel and Inhuman Treatment of Bradley Manning," *Andy Worthington Blog*, March 12, www.andyworthington.co.uk/2012/03/13/un-torture-rapporteur-accuses-us-government-of-cruel-and-inhuman-treatment-of-bradley-manning/#sthash. kqmmqfHZ.dpuf.
25. Sullivan, Margaret. (2013). "The Danger of Suppressing the Leaks," *New York Times*, March 3,www.nytimes.com/2013/03/10/public-editor/the-danger-of-suppressing-the-leaks.html?ref=bradleyemanning.
26. Abrams, Floyd, and Yochai Benkler. (2013). "Death to Whistleblowers?" *New York Times*, March 13, www.nytimes.com/2013/03/14/opinion/the-impact-of- the-bradley-manning-case.html?_r=0.
27. Hanna Arendt Center. (2011). "Civil Disobedience and O.W.S.," November 16,www.hannaharendtcenter.org/?p=2705.

第四章

1. Anderson, Nate, and Cyrus Farviar. (2012). "How the Feds Took Down the Dread Pirate Roberts," *Arstechnica*, October 3, http://arstechnica.com/tech-policy/2013/10/how-the-feds-took-down-the-dread-pirate-roberts/.
2. Greenberg, Andy. (2013). "Follow the Bitcoins: How We Got Busted Buying Drugs on Silk Road's Black Market," *Forbes*, September 5, www.forbes.com/sites/andygreenberg/2013/09/05/follow-the-bitcoins-how-we-got-busted-buying-drugs-on-silk-roads-black-market/.
3. Greenberg, "Follow the Bitcoins."

4. Patrick, Brian Eha. (2013). “Could the Silk Road Closure Be Good for Bitcoin?” *New Yorker*,October 5, www.newyorker.com/online/blogs/currency/2013/10/could-the-silk-road-closure-be-good-for-bitcoin.html.
5. Greenberg, “Follow the Bitcoins.”
6. “Silk Road Returns: New Owner Aims to ‘Double the Achievements’ of the First Site.” (2013). *Belfast Telegraph*, November 8, www.belfasttelegraph.co.uk/life/technology-gadgets/silk-road-returns-new-owner-aims-to-double-the-achievements-of-the-first-site-29736863.html.
7. Patrick, “Could the Silk Road Closure Be Good for Bitcoin?”
8. Patrick, “Could the Silk Road Closure Be Good for Bitcoin?”
9. Spaven, Emily. (2013). “Robocoin Bitcoin ATM Takes More Than CA$1m in 29 Days,” *CoinDesk*, November 27, www.coindesk.com/robocoin-bitcoin-atm-cad1m-29-days/.
10. Eastwood, Joel. (2013). “Bitcoin Entrepreneurs Want to Put Virtual Coins in Your Wallet,” *Toronto Star*, November 12, www.thestar.com/news/gta/2013/11/12/bitcoin_entrepreneurs_want_to_put_virtual_coins_in_your_wallet.html#.
11. Burgoyne, Matthew. (2014).“Does Canada View Bitcoin as Currency?” *CoinDesk*, accessed February 2, 2014, www.coindesk.com/canada-view-bitcoin-currency/.
12. Hassleback, Drew. (2014). “Governments Ponder Legitimacy of Bitcoins,” *Financial Post*, accessed February 2, http://business.financialpost.com/2013/11/19/governments-ponder-legitimacy-of-bitcoins/.
13. Luff, Jonathan, and Alec Ross. (2013). “Why Bitcoin Is on the Money,” *Telegraph.co.uk*, June 24, www.telegraph.co.uk/finance/currency/10139651/Why-Bitcoin-is-on-the-money.html.
14. Steil, Benn, and Manuel Hinds. (2009). *Money, Markets, and Sovereignty*. New Haven, CT: Yale University Press.
15. Steil and Hinds, *Money,Markets, and Sovereignty*.
16. Rousseau, P. (2004). “A Common Currency: Early US Monetary Policy and the Transition to theDollar,” *National Bureau of Economic Research*, August, www.nber.org/papers/w10702.pdf?new_window=1.
17. Schwartz, Pedro. (2013).“Why the Euro Failed and How It Will Survive,” *Cato Journal* 33.3.
18. Cohen, B. J. (2012). “The Future of the Euro: Let’s Get Real.” *Review of International Political Economy* 19.4: 689–700.

19. Davis, Joshua. (2011). "The Cryptocurrency," *New Yorker*, October, www.newyorker.com/reporting/2011/10/10/111010fa_fact_davis.
20. Lach, Eric. (2011). "Feds Seeking $7M Worth of Privately-Minted 'Liberty Dollars,'" *Talking Points Memo*, April 4, accessed August 16, 2012, http://talkingpointsmemo.com/muckraker/feds-seeking-7m-worth-of-privately-minted-liberty-dollars.
21. Lovett, Tom. (2011). "Local Liberty Dollar 'Architect' Bernard von NotHaus Convicted," *Evansville Courier& Press*, March 19, www.courierpress.com/news/2011/mar/19/local-liberty-dollar-architect-found-guilty/.
22. US Department of Justice. (2011). "Digital Currency Business E-Gold Indicted for Money Laundering and Illegal Money Transmitting," April 27.
23. Bartlett, Jamie, Carl Miller, James Smith, and Louis Reynolds. (2013). "Heads Up: Bitcoin an IntroductoryCASM Briefing." *Demos*, p.4, www.demos.co.uk/files/Heads_Up_-_web.pdf?1387559230.
24. Bartlett et al., "Heads Up."
25. Nakamoto, Satoshi. (2008). "Bitcoin: A Peer-to-Peer Electronic Cash System." http://bitcoin.org/bitcoin.pdf.
26. Andreessen, Marc. (2013). "Why Bitcoin Matters,"*NYTimes.com.*, January 21, accessed February 4, 2014, http://dealbook.nytimes.com/2014/01/21/why-bitcoin- matters/?_php=true&_type=blogs&_r=0.
27. Lee, Timothy B. (2011). "Bitcoin's Collusion Problem," Bottom-Up, April 19, accessed February 4, 2014, http://timothyblee.com/2011/04/19/bitcoins-collusion-problem/.
28. Andreessen, "Why Bitcoin Matters."
29. Bloomberg. (2014). *Kenya*, http://mobile.bloomberg.com/topics/kenya/.
30. Andreessen, "Why Bitcoin Matters."
31. McGuire, Patrick.(2013)."Bitcoin Has Already Morphed Society," *Vice*, November 28, www.vice.com/en_ca/read/bitcoin-has-already-morphed-society.
32. Cowen, Tyler. (2011). "The Economics of Bitcoin," *Marginal Revolution*, April 19, http://marginalrevolution.com/marginalrevolution/2011/04/the-economics-of-bitcoin.html.
33. Payne, Alex. (2013). "Bitcoin, Magical Thinking, and Political Ideology," *Alex Payne* (blog), https://al3x.net/2013/12/18/bitcoin.html.
34. Stross, Charlie. (2013). "Why I Want Bitcoin to Die in a Fire," *Charlie's Diary* (blog), December 8, www.antipope.org/charlie/blog-static/2013/12/why-i-want-bitcoin-to-die-in-a.html.

35. Lee, "Bitcoin's Collusion Problem."
36. Salmon, Felix. (2014). "The Bitcoin Bubble and the Future of Currency—Money & Banking—Medium," accessed February 4, https://medium.com/money-banking/2b5ef79482cb.
37. Carney, Michael. (2013). "Bitcoin Has a Dark Side: Its Carbon Footprint," *PandoDaily*, December 16, http://pando.com/2013/12/16/bitcoin-has-a-dark-side-its-carbon-footprint/.
38. May, Timothy C. (1994). *The Cyphernomicon*, www.cypherpunks.to/faq/cyphernomicron/cyphernomicon.txt.
39. "Crypto-Anarchy and Libertarian Entrepreneurship—Chapter 3: The Killer App of Liberty." (2013). *The Mises Circle* (blog), May 29, http://themisescircle.org/blog/2013/05/29/crypto-anarchy-and-libertarian-entrepreneurship-chapter-iii/.
40. *The Mises Circle*.
41. May, Timothy C. (1992). *The Crypto-Anarchist Manifesto*, http://groups.csail.mit.edu/mac/classes/6.805/articles/crypto/cypherpunks/may-crypto-manifesto.html.
42. Salmon, "The Bitcoin Bubble."
43. Bohm, Paul. (2011). "Bitcoin's Value Is Decentralization," *Paul Bohm's Blog*, June 17, accessed February 5, 2014, http://paulbohm.com/articles/bitcoins-value-is-decentralization/.
44. Salmon, "The Bitcoin Bubble."
45. Salmon, "The Bitcoin Bubble."
46. Buffet, Warren. (2012). "Warren Buffet: Why Stocks Beat Gold and Bonds." *Fortune*, http://fortune.com/2012/02/09/warren-buffett-why-stocks-beat-gold-and-bonds/.
47. *Bitcoin Dark Wallet* (campaign), www.indiegogo.com/projects/bitcoin-dark-wallet#home.
48. Ramos, Jairo. (2014). "A Native American Tribe Hopes Digital Currency Boosts Its Sovereignty," *NPR Code Switch*, March 7, www.npr.org/blogs/codeswitch/2014/03/07/287258968/a-native-american-tribe-hopes-digital-currency-boosts-its-sovereignty.

第五章

1. Brenner, Marie. (2012). "Marie Colvin's Private War," *Vanity Fair*, August, www.vanityfair.com/politics/2012/08/marie-colvin-private-war.
2. Colvin, Marie. (2012). "Final Dispatch from Homs, the Battered City," *Sunday Times*, February19, www. thesundaytimes.co.uk/sto/public/news/article874796. ece.
3. Gregory, Sam. (2013). "Co-Presence: A New Way to Bring People Together for Human

Rights Activism," Witness. Org (blog), September 23, http://blog.witness.org/2013/09/co-presence-for-human-rights/.

4. Bouchard, Stephane, Francois Bernier, Eric Boivin, Stephanie Dumolin, LyleneLaforest, Tanya Guitard, Genevieve Robillard, Johana Monthuy-Blanc, and Patrice Renaud. (2013). "Empathy Towards Virtual Humans Depicting a Known or Unknown Person Expressing Pain," *Cyberpsychology, Behaviour, and Social Networking* 16.1: 61–71, http://online.liebertpub.com/doi/abs/10.1089/cyber.2012.1571.
5. "Public Affairs Guidance on Embedding Mediad uring Possible Future Operations/Deployments in the U.S. Central Commands Area of Responsibility"(February 3, 2003), accessed June 3, 2008, www. defenselink.mil/news/Feb2003/d20030228pag.pdf, Sec 2. C, sourced in Kylie Tuosto. (2008). "The 'Grunt Truth' of Embedded Journalism: The New Media/Military Relationship," *Stanford Journal of International Relations* (Fall/Winter), https://web.stanford.edu/group/sjir/pdf/journalism_real_final_v2.pdf.
6. Tuosto, "The 'Grunt Truth.'"
7. Zelizer, Barbie. (2007). "On 'Having Been There': 'Eye-witnessing' as a Journalistic Key Word," *Critical Studies in Media Communication* 24.5: 408–428.
8. Lynch, Lisa. (2013). "WikiLeaks after Megaleaks," *Digital Journalism* 1.3: 314–334.
9. 朱利安·阿桑奇自己声称，“维基解秘”的“科学新闻”是基于公众对原始文件的访问，而没有进行编辑或背景化。当然，在历史上，这种编辑和背景化一直是新闻的核心属性。
10. Goodman, Amy, and Juan Gonzalez. (2013). "Glenn Greenwald: Media Venture Will Empower Adversarial Journalism to Hold the Powerful Accountable," *Democracy Now*, www.democracynow.org/2013/10/28/ glenn_greenwald_media_venture_will_empower.
11. Benkler, Yochai. (2011). "A Free Irresponsible Press: Wikileaks and the Battle Over the Soul of the Networked Fourth Estate," 46 *Harvard Civil Rights-Civil Liberties Law Review* 311.
12. Dlugoleski, Deirdre. (2013). "We Are All Journalists Now: 140 Journos and Turkey's 'Counter-Media' Movement,"www.cjr.org/behind_the_news/turkey_counter_media.php.
13. 约翰·马克斯韦尔·汉密尔顿和埃里克·詹纳认为，我们看到的不是驻外记者的终结，而是一个新的生态系统，在这个生态系统中曾经占主导地位的降落伞记者现在只是众多记者中的一员。新成员包括受雇的外国记者（他们独立报道事件，然后将报道卖给媒体机构）、在本国进行国际报道的本地媒体、通过网络出版物在线发布报道的非美国记者、通过官方渠道传播新闻的国际组织代表、收取新闻费用的联合通讯社，当然还有业余记者和目击者。

14. 蒂莫西·库克把媒体作为一个机构行为者进行研究。从这个视角来看，媒体不同于政治行为者，但在许多方面，它们扮演的角色就像大型组织行为者那样。媒体可以被视为政府的“第四部门”，有自己的角色和责任，政府在其新闻报道中扮演着核心角色。机构理论帮助我们理解不同的媒体机构如何倾向于以相同的方式进行同样的新闻报道。库克将机构定义为“在各个组织中可识别的社会行为模式，通常在社会中被认为主导一个特定的社会领域”。
15. Castells, Manuel. (2011). “A Network Theory of Power,” *International Journal of Communication* 5: 773–783, http://ascnetworksnetwork.org/wp-content/uploads/2010/02/IJoC-Network-Theory-2011-Castells.pdf.
16. Singer, Jane B. (2005). “The Political J-Blogger,” *Journalism* 6.2: 173–198.
17. 阿尔弗雷德·赫米达在对使用 #Egypt 标签的推文进行的一项研究中同样发现，尽管一些传统媒体规范在推特上同样得到了推行，但决定什么新闻具有影响力的人是不同的——影响力不是由统领一切的媒体权威决定的，而是在自然演进的过程中由大众决定的。赫米达发现，四种新规范塑造了推特上关于 #Egypt 的话语。第一，人们总是重视并渴望得到事态发展的实时更新，这是一种嵌入推特语言中的意识。第二，传统新闻来源、记者和公民结合在一起，形成了推特的众包精英，他们的推文被高度转发和关注。这些精英之间进行互动，但这些公民和记者的报道比传统媒体更加情绪化和开放化。第三，大致由地理位置决定的团结意识。第四，或许也是最重要的一点，推特作为一个信息平台，允许持续的信息流，无论这些信息相关与否，都有助于新闻环境的整体开放并使之充满活力。这导致了赫米达称之为“环境新闻”的现象，即新闻消费者能够沉浸在某一事件的信息中。
18. Castells, Manuel. (2007). “Communication, Power and Counter-power in the Network Society,” *International Journal of Communication* 1: 238–266.
19. 正如媒体理论家丹娜·博伊德所说，社交媒体网络往往反映了它们所立足的社会权力结构。她认为，数字工具并不能代表整个社会，因为许多人也无法接触到它们。例如，视频《科尼 2012》的走红，不是因为该信息的力量，也不是因为个人的去中心化行为，而是因为视频的创作者——美国非政府组织“被遗忘的儿童”——利用名人网络和大学校园团体网络精心策划的一场运动。人们感觉好像自己参与了运动，但网络一直深受精英阶层的影响。网络有结构，而这种结构就是权力的一种形式。
20. Vicente, Paulo Nuno. (2013). “The Nairobi Hub: Emerging Patterns of How Foreign Correspondents Frame Citizen Journalists and Social Media.” *Ecquid Novi: African*

Journalism Studies 34.1: 36–49.

第六章

1. Meier, Patrick. (2012). "How Crisis Mapping Saved Lives in Haiti,"*National Geographic*, July 2, http://newswatch.nationalgeographic.com/2012/07/02/crisis-mapping-haiti/.
2. Zook, Matthew, Mark Graham, Taylor Shelton, and Sean Gorman. (2010). "Volunteered *Geographic* Information and Crowdsourcing Disaster Relief: A Case Study of the Haitian Earthquake," *World Medical and Health Policy*2.2 (Article 2): 19.
3. Conneally, Paul. (2011). *Digital Humanitarianism*, November, transcript of TEDTalk, www.ted.com/talks/paul_conneally_digital_humanitarianism/ transcript.
4. Meier, Patrick. (2011). "Theorizing Ushahidi: An Academic Treatise," *iRevolution* (blog), October 2, http://irevolution.net/2011/10/02/theorizing-ushahidi/.
5. Morozov, Evgeny. (2014). "Facebook's Gateway Drug," *New York Times*, August 2, www.nytimes.com/2014/08/03/opinion/sunday/evgeny-morozov-facebooks-gateway-drug.html?_r=1.
6. Meier, Patrick. (2011). "New Information Technologies and Their Impact on the Humanitarian Sector," *International Review of the Red Cross* 93.884, www.icrc.org/eng/assets/files/review/2011/irrc-884-meier.pdf.
7. http://mfarm.co.ke/.
8. Satterthwaite, Margaret L., and P. Scott Moses. (2012). "Unintended Consequences: The Technology of Indicators in Post-Earthquake Haiti," *Journal of Haitian Studies* 18.1: 14–49.
9. Romijn, H. A., and M. C. Caniëls. (2011). "Pathways of Technological Change in Developing Countries: Review and New Agenda," *Development Policy Review* 29.3: 359–380.
10. Romijn and Caniëls,"Pathways of Technological Change."
11. Stephenson, R., and P. S. Anderson. (1997). "Disasters and the Information Technology Revolution," *Disasters* 21.4: 305–334.
12. Nathaniel, Jordan. (2011). *Mapping the Sovereign State: Cartographic Technology, Political Authority, and Systemic Change*, Thesis, University of California, Berkeley.
13. Summerhayes, C. (2011). "Embodied Space in Google Earth: Crisis in Darfur," *MediaTropes* 3.1: 113–134.

14. Parks, Lisa. (2009). "Digging into Google Earth: An Analysis of 'Crisis in Darfur,'" *Geoforum* 40.4: 535–545.

15. Meier, Patrick. (2010). "Will Using 'Live' Satellite Imagery to Prevent War in the Sudan ActuallyWork?"*iRevolution* (blog), December 30, http://irevolution.net/2010/12/30/sat-sentinel-project/.

16. Harris, Paul. (2012). "George Clooney's Satellite Spies Reveal Secrets of Sudan's Bloody Army," *Guardian.com*, March 24, www.theguardian.com/world/2012/mar/24/george-clooney-spies-secrets-sudan.

17. Meier, Patrick. (2009). "US Calls for UN Aerial Surveillance to Detect Preparations for Attacks," *iRevolution* (blog), August 14, http://irevolution.net/2009/08/14/ un-aerial-surveillance/.

18. Prendergast, John. (2007). "Museum, Google Zoom In on Darfur,"*Washington Post*, April 14, www.washingtonpost.com/wpdyn/content/article/2007/04/13/AR2007041302189.html.

19. Hollinger, Andrew. (n.d.). "United States Holocaust Memorial Museum Crisis in Darfur," *Google Earth*, www. google.com/earth/outreach/stories/darfur.html.

20. Meier, Patrick. (2010). "Will Using 'Live' Satellite Imagery to Prevent War in the Sudan ActuallyWork?" *iRevolution* (blog), September 30, http://irevolution.net/2010/12/30/sat-sentinel-project/.

21. Heeks, R. (2010). "Do Information and Communication Technologies (ICTs) Contribute to Development?" *Journal of International Development* 22.5: 625–640.

22. Heeks, "Do Information and Communication Technologies (ICTs) Contribute to Development?"

23. Bedi, A. S. (1999). *The Role of Information and Communication Technologies in Economic Development: A Partial Survey*. ZEF Discussion Papers on Development Policy No. 7, Center for Development Research (ZEF), Bonn, May 1999.

24. 例如，乔纳森·唐纳和马赛拉·埃斯科瓦里使用一个价值链模型表明，移动技术正在提高小型企业的生产率并帮助它们成长，但他们发现广泛的市场效应有限。他们得出结论："在引入移动电话通信系统的价值体系中，目前有更多的证据表明是程度的变化（更多信息，更多客户），而不是结构的变化（新渠道，新业务）。"另一项研究认为，需要一个信息和通信技术密度的最低门槛，才能看到对增长的积极影响，引进这些技术和产生积极影响也有很长的滞后时间。经济合作与发展组织的一项研究敦促人们谨慎地将信息和通信技术与生产力直接联系起来，并指出有一篇论文回顾了20世纪80年代和90年代发表的150项关于该主题的研究，发现两者之间的相关性有限。这篇论文认为，挑战在于很难将引进新技术的影响与更广泛的社会和市场力量分开。这样一来，信息和通信技术就更应该被视为一种通用技术，它可以使新的生产形式贯穿于整个经济。从这个角度来看，经济学家发现了美国经济内部的紧密联系，但在发展中国家中很少进行这样的研究。

25. Alzouma, G. (2005). "Myths of Digital Technology in Africa Leapfrogging Development?" *Global Media and Communication* 1.3: 339–356.
26. Castells, Manuel. (1999). "Information Technology, Globalization and Social Development," UNRISD Discussion Paper No. 114, September, United Nations Research Institute for Social Development, Geneva, Switzerland.
27. Castells, "Information Technology."
28. Conneally, *Digital Humanitarianism*, 2011.
29. Collins, Katie. (2013)."How AI, Twitter and Digital Volunteers Are Transforming Humanitarian Disaster Response,"*Wired*, September 13, www.wired.co.uk/news/archive/2013-09/30/digital-humanitarianism.
30. Palen, L., and S. B. Liu. (2007, April 7). "Citizen Communications in Crisis: Anticipating a Future of ICT-Supported Public Participation," in *Proceedings of the SIGCHI Conference on Human Factors in Computing Systems*, San Jose, CA (pp. 727–736).
31. Roche, S., E. Propeck-Zimmermann, and B. Mericskay. (2013). "GeoWeb and Crisis Management: Issues and Perspectives of Volunteered Geographic Information," *GeoJournal* 78.1: 21–40, p. 23.
32. Altay, N., and M. Labonte. (2014). "Challenges in Humanitarian Information Management and Exchange: Evidence from Haiti," *Disasters* 38.1: S50–S72.
33. Altay and Labonte, "Challenges," p. 52.
34. Giroux, Jennifer, and Florian Roth. (2012). *Conceptualizing the Crisis Mapping Phenomenon: Insights on Behavior and the Coordination of Agents and Information in Complex Crisis*. Zurich: Center for Security Studies.
35. "Foreign Assistance Briefing Books: Critical Problems, Recommendations, and Actions for the 112th Congress and the Obama Administration." (2011). *InterAction*, January, www.interaction.org/sites/default/files/2011%20InterAction%20Foreign%20Assistance%20Briefing%20Book_Complete_0.pdf.
36. Satterthwaite and Moses, "Unintended Consequences."
37. Zanotti, L. (2010). "Cacophonies of Aid, Failed State Building and NGOs in Haiti:

Setting the Stage for Disaster, Envisioning the Future," *Third World Quarterly* 31.5: 755–771.

38. Alzouma, G. (2005). "Myths of Digital Technology in Africa Leapfrogging Development?" *Global Media and Communication* 1.3: 339–356.
39. Intel Corporation. (2012). "Women and the Web," www.intel.com/content/www/us/en/technology-in-education/women-in-the-web.html.
40. Castells, "Information Technology."
41. 我们可以通过扬·范戴克提出的网络化社会中存在三种阶层结构的观点，来看待信息和通信技术内部访问权问题。第一种是信息精英，他们是受过高等教育的高收入群体，拥有几乎 100% 的信息和通信技术访问权，并有能力直接或间接地塑造技术生产。第二种是参与主体，其中包括广义的中产阶级，他们几乎拥有普遍的访问权，但对技术生产没有信息精英那样的控制权。第三种是那些被隔绝开来、排除在外的人，他们拥有有限的访问权。在发展或人道主义的背景下，重要的是要弄清楚哪些群体真正得到了服务，以及这些项目如何可能加剧这种分化。
42. Ndung'u, M. N. (2007). *ICTs and Health Technology at the Grassroots Level in Africa.* African Technology Policy Studies Network.
43. Rose 和 Miller 引自 Satterthwaite and Moses, "Unintended Consequences," 14–49。
44. Parks, "Digging into Google Earth."
45. Warren, J. Y. (2010). *Grassroots Mapping: Tools for Participatory and Activist Cartography*, Doctoral dissertation, Massachusetts Institute of Technology, p. 20.
46. Morozov 引自 Warren, *Grassroots Mapping*, p. 23。

第七章

1. Clark, Campbell, Patrick Martin, and Mark Mackinnon. (2012). "Envoys Out as Canada Abruptly Severs Ties with Iran," *Globe and Mail*, September 7, www.theglobeandmail.com/news/politics/envoys-out-as-canada-abruptly-severs-ties-with-iran/article4526167/.
2. Petrou, Michael. (2013). "DFAIT Skirts Iranian Government, Tries to Reach Iranian People,"*Maclean's*, May 10, www.macleans.ca/news/dfait-skirts-iranian-government-tries-to-reach-iranian-people/.
3. Tait, Robert. (2013). "Nuclear Deal with Iran a 'Historic Mistake,' Benjamin Netanyahu Says," *Telegraph*, November 24, www.telegraph.co.uk/news/worldnews/middleeast/israel/10470834/Nuclear-deal-with-Iran-a-historic-mistake-Benjamin-Netanyahu-says.

html.

4. Nye, Joseph Jr. (2005). *Public Diplomacy and Soft Power*. New York: Palgrave Macmillan.
5. Nye, *Public Diplomacy and Soft Power*.
6. Pells, R. H. (1997). *Not Like Us: How Europeans Have Loved, Hated, and Transformed American Culture since World War II*. New York: Basic Books, p. 33.
7. Nye, *Public Diplomacy and Soft Power.*
8. Nye, Joseph Jr. (2009). "Who Caused the End of the Cold War?" *Huffington Post*, November 9, www.huffingtonpost.com/joseph-nye/who-caused-the-end-of- the_b_350595.html.
9. Nye, *Public Diplomacy and Soft Power*.
10. Khatib, L., W. Dutton, and M. Thelwall. (2012). "Public Diplomacy 2.0: A Case Study of the US Digital Outreach Team,"*Middle East Journal* 66.3: 453–472. http://cddrl.stanford.edu/publications/public_diplomacy_20_an_exploratory_case_study_of_the_digital_outreach_team/.
11. Khatib et al., "Public Diplomacy 2.0."
12. 资讯管理局电子外交办公室负责的公共外交项目，www.state.gov/m/irm/ediplomacy/c23840.htm。
13. Khatib et al., "Public Diplomacy 2.0."
14. Miller, Greg. (2012). "Syrian Activists Say Pledges of U.S. Communications Aid Are Largely Unfulfilled," *Washington Post*, August 12, www.washingtonpost.com/world/national-security/syrian-activists-say-pledges-of-us-communications-aid-are-largely-unfulfilled/2012/08/20/14dff95a-eaf8-11e1-9ddc-340d5efb1e9c_story_2.html.
15. Glanz, James, and John Markoff. (2011). "U.S. Underwrites Internet Detour around Censors," *NYTimes.com*, June 21, www.nytimes.com/2011/06/12/world/12internet.html?pagewanted=all.
16. Hasan, S. (2013). *Designing Networks for Large-Scale Blackout Circumvention*, www.eecs.berkeley.edu/Pubs/TechRpts/2013/EECS-2013-230.pdf.
17. Hasan, *Designing Networks*.

第八章

1. Schulz, G.W., and Amanda Pike. (2014). "Hollywood-Style Surveillance Technology

Inches Closer to Reality," *Center for Investigative Reporting*, April 11, http://cironline.org/reports/hollywood-style-surveillance-technology-inches-closer-reality-6228.

2. Bacon, Lance M. (2012). "System Gives Troops 360-Degree Eye in the Sky," *Army Times.com*, April 16, www.armytimes.com/article/20120416/NEWS/204160317/System-gives-troops-360-degree-eye-sky.
3. Emspak, Jesse. (2013). "Wifi Tech Sees through Walls," *Discovery News*, June 28, http://news.discovery.com/tech/wi-fi-sees-through-walls-130628.htm.
4. Ward, Sam. (2013). "Infographic: How Facial Recognition Works," *Center for Investigative Reporting*, November 7, http://ciroline.org/reports/infographic-how-facial-recognition-works-5516.
5. Borison, Rebecca. (2014). "This Security Solution Says It Can Figure Out if You Are Safe or Dangerous by Scanning Your Skeleton," *Business Insider*, April 26, www.businessinsider.in/This-Security-Solution-Says-It-Can-Figure-Out-If-You-Are-Safe-Or-Dangerous-By-Scanning-Your-Skeleton/articleshow/34213618.cms.
6. Metz, Cade. (2013). "Google's Quantum Computer Proven to Be Real Thing (Almost)," *WIRED*, June 28, www.wired.com/2013/06/d-wave-quantum-computer-usc/.
7. Der Derian, James. (2013). "From War 2.0 to Quantum War: The Superpositionality of Global Violence," *Australian Journal of International Affairs* 67.5:570–585.
8. Bacon, "System Gives Troops 360-Degree Eye in the Sky."
9. Hambling, David. (2014). "Armed Russian Robocops to Defend Military Bases," *New Scientist*, April 23, www. newscientist.com/article/mg22229664.400-armed-russian-robocops-to-defend-missile-bases.html#.U3ifGFhdVgR. 同时参见 Tarantola, Andrew. (2012). "South Korea's Auto-Turret Can Kill a Man in the Dead of Night from Three Clicks," *WIRED*, October 29, http://gizmodo.com/5955042/south-koreas-auto-turret-can-kill-a-man-in-the-dead-of-night-from-three-clicks。
10. Metz, "Google's Quantum Computer."
11. Schneier, Bruce. (2014). "Surveillance by Algorithm," *Schneier on Security* (blog), March 5, www.schneier.com/blog/archives/2014/03/surveillance_by.html.
12. Human Rights Watch. (2014). *Shaking the Foundatoins*(Report), May 12, bargo/node/125250?signature=3b6d2513fd72dob2oebb5d74af9dbb98&suid=6.
13. Amoore, L. (2008). "Risk before Justice: When the Law Contests Its Own Suspension," *Leiden Journal of International Law* 21.4: 847–861.
14. Amoore, "Risk before Justice."

15. Schmitt 引自 Werner, Wouter G. (2010). "The Changing Face of Enmity: Carl Schmitt's International Theory and the Evolution of the Legal Concept of War," *International Theory* 2.3:351–380。
16. Werner, 376.
17. Miller, Todd. (2014). "How We've Created a Booming Market for Border Security Technology," *Mother Jones*, April 22, www.motherjones.com/politics/2014/04/border-security-state-market-booming-technology?page=2.
18. Priest, Dana, and William M. Arkin. (2011). "A Hidden World, Growing beyond Control," *Washington Post*, September 30, http://projects.washingtonpost.com/top-secret-america/articles/a-hidden-world-growing-beyond-control/.
19. Stahl, R. (2010). "Becoming Bombs: 3D Animated Satellite Imagery and the Weaponization of the Civic Eye," *MediaTropes* 2.2: 65–93.
20. Stahl, Roger. (2013). "What the Drone Saw: The Cultural Optics of Unmanned War," *Australian Journal of International Affairs* 67.5: 659–674.
21. Williams, M. C. (2003). "Words, Images, Enemies: Securitization and International Politics," *International Studies Quarterly* 47.4: 511–531.
22. Buzan et al. (1998:26) 引自 Williams, M. C. (2003). "Words, Images, Enemies: Securitization and International Politics," *International Studies Quarterly* 47.4: 511–531。
23. Williams, "Words, Images, Enemies."
24. Moskvitch, Katia. (2014). "Are Drones the Next Target for Hackers?" *BBC Future*, Feburary 6, www.bbc.com/future/story/20140206-can-drones-be-hacked.
25. Johnson, Robert (2011). "Both Pakistan and Iran Say They Have Figured Out to How to Hack and Commandeer US Drones,"*Business Insider*, December 16, www.businessinsider.com/pakistan-says-the-downed-helicopter-from-the-bin-laden-enables-it-to-hack-us-drones-2011-12#Isddp.
26. Gorman, Siobhan, Yochi Dreazen, and August Cole. (2009). "Insurgents Hack U.S.Drones," *Wall Street Journal*, December 17, http://online.wsj.com/news/articles/SB126102247889095011.
27. Higgins, Kelly Jackson. (2009). "Researchers Hack Faces in Biometric Facial Authentication Systems," *Dark Reading*, December 2, www.darkreading.com/vulnerabilities—threats/researchers-hack-faces-in-biometric-facial-authentication-systems/d/d-id/1130382.
28. "Surveillance Cameras Can Be Hacked—Who Is Watching You?" (2013). *Info Security*,

June 18, www.infosecurity-magazine.com/view/32991/surveillance-cameras-can-be-hacked-who-is-watching-you/.

29. Madrigal, Alexis C. (2013). "Stealth Wear: An Anti-Drone Hoodie and Scarf," *Atlantic*, January 18, www.theatlantic.com/technology/archive/2013/01/stealth-wear-an-anti-drone-hoodie-and-scarf/267330/.
30. Harvey, Adam. (2010). "CV Dazzle," *AH* (blog), http://ahprojects.com/projects/cv-dazzle/.

第九章

1. Kapur, Devesh. (1999). "Processes of Change in International Organizations," *Conference Paper Helsinki*, http://dev.wcfia.harvard.edu/sites/default/files/164_Helsinki3.wcfia.pdf.
2. Falk, Richard. (2000). "The United Nations System: Prospects for Institutional Renewal," in *Governing Globalization*, ed. Deepak Nayyar, http://oxfordindex.oup.com/view/10.1093/acprof:oso/9780199254033.001.0001.
3. Meyer, Davis. (2012). "How the German Pirate Party's 'Liquid Democracy' Works," *Tech President*, May 7, https://techpresident.com/news/wegov/22154/how-german-pirate-partys-liquid-democracy-works.
4. Ford, Bryan. (2002). "Delegative Democracy," May 15, www.brynosaurus.com/deleg/deleg.pdf.
5. Meyer, "How the German Pirate Party's 'Liquid Democracy' Works."
6. Evans, Alex. (2013). "Avaaz CEO Ricken Patel's Commonwealth Lecture,"*Global Dashboard*, March 22, www.globaldashboard.org/2013/03/22/avaaz-ceo-ricken-patels-commonwealth-lecture/.
7. Teleb, Ahmad R. (2014). "The Zeitgeist of Tahrir and Occupy," *TruthOut.org*, February 10, http://truth-out.org/opinion/item/21776-the-zeitgeist-of-tahir-and-occupy.
8. Greenwald, Glenn. (2014, May 13). *No Place to Hide: Edward Snowden, the NSA, and the U.S. Surveillance State*. New York: Metropolitan Books.
9. "Embedded Governance: Downloading Laws into Objects and the Environment," *Life in a Computational Age*. Palo Alto: Technology Horizons Program, www.iftf.org/fileadmin/user_upload/images/ourwork/Tech_Horizons/SR1265EisP_Emb Governance_rdr_sm.pdf.
10. Diakopoulos, Nicholas. (2013). *Algorithmic Accounting Reporting: On the Investigation*

of Black Boxes. Report, Tow Center for Digital Journalism, University of Columbia, http://towcenter.org/wp-content/uploads/2014/02/78524_Tow-Center-Report-WEB-1.pdf.

11. Leonard, Andrew. (2014). "One Code to Rule them All: How Big Data Could Help the 1 Percent and Hurt the Little Guy," *Salon*, January, www.salon.com/2014/01/03/one_code_to_rule_them_all_how_big_data_could_help_the_1_percent_and_hurt_the_little_guy/.
12. 关于算法治理的有益讨论，参见 Barocas, Solon, Sophie Hood 和 Malte Ziewitz. (2013). "Governing Algorithms: A Provocation Piece," *Working Series Paper*, March 29, file:///Users/taylorowen/Downloads/ssrn-id2245322.pdf。
13. "Unified Field: The 'Splinternet' Media Policy Project," London School of Economics and Political Science, November 18, 2013, http://blogs.lse.ac.uk/mediapolicyproject/2013/11/18/unified-field-the-splinternet/.
14. Meinrath, Sascha. (2013). "The Future of the Internet: Balkanization and Borders," *TIME*, October 11, http://ideas.time.com/2013/10/11/the-future-of-the-internet-balkanization-and-borders/.
15. Project MeshNet: www.projectmeshnet.org.
16. Project MeshNet: www.projectmeshnet.org.
17. Hodson, Hal. (2013). "Meshnet Activists Rebuilding the Internet from Scratch," *New Scientist*, August 8, www.newscientist.com/article/mg21929294.500-meshnet-activists-rebuilding-the-internet-from-scratch.html#.U1v768eLEi4.
18. Kloc, Joe. (2013). "Greek Community Creates an Off-the-Grid Internet," *Daily Dot*, August 19, www.dailydot.com/politics/greek-off-the-grid-internet-mesh/.
19. "ODDNS: Decentralized and Open DNS to Defeat Censorship." (2012). *TorrentFreak*, April 7, https://torrentfreak.com/oddns-decentralized-and-open-dns-to-defeat-censorship-120407/.
20. Benkler, Yochai. (2012). "Hacks of Valor: Why Anonymous Is Not a Threat to National Security," *Foreign Affairs*, www.foreignaffairs.com/articles/137382/yochai-benkler/hacks-of-valor.
21. McCarthy, Jordan. (2010). "Code as Power: How the New World Order Is Reinforcing the Old," *Intersect* 3.1.

致 谢

历经三年，我与他人合作，对数字技术和国际事务之间的交集进行了艰难的探索。本书的出版代表了我对这一领域研究的深刻领悟，同时也是其他合作伙伴的最终研究成果。撰写本书的想法源于 2012 年春天我为特鲁多基金会所做的演讲和研究报告。我很感谢 PG Forest 给我提供机会，让我回到基金会，在加拿大最聪明（也是最挑剔）的人群中尝试提出一些新想法。当时，我所提出的想法还处于萌芽阶段，但是随着越来越多的观察，我发现科技正在极大程度地重塑国际体系。这些想法代表着我对这一领域的初步探索。

这篇演讲稿后来发展成为 SSHRC（加拿大社会科学和人文科学研究委员会）资助的一个更大的研究项目，该项目名为“数字时代的国际关系”，它是加拿大国际理事会和英属哥伦比亚大学的一个合作项目。我的朋友兼研究助理阿努克 · 戴伊在这两个初始阶段都发挥了重要作用。我的好朋友詹妮弗 · 杰夫斯，SSHRC 研究项目的共同负责人，加拿大移民局和《开放加拿大》杂志的合伙人，与我共同创建了这个研究项目和团队。我们有一群优秀的英属哥伦比亚大学新闻系学生，其中包括萨迪亚 · 安萨里、林赛 · 桑普、凯特 · 阿达奇、亚历克西斯 · 贝克特和亚历山德拉 · 吉布，他们帮助我们进行了广泛的研究。

何其有幸，在我潜心研究和撰写本书的一年中，我的两位了不起的研究助理坦泽尔·哈卡克和切丽丝·苏查兰协助我做了大量的工作。他们具有超乎其年龄的智慧，对于我荒谬的日程安排和漫无边际的想法（他们说是模糊的想法），始终能够心甘情愿地、恰如其分地处理。他们为书中许多观点的形成做出了杰出贡献。

在撰写本书时，我在美国哥伦比亚大学的托厄数字新闻中心工作，与我共事的艾米丽·贝尔杰出而宽容。与艾米丽一起创建托厄数字新闻中心的过程中，我难得有机会和时间静坐于牛津大学伯德雷恩图书馆拥挤的本科生中纵笔，这使本书的出版成为可能。

在此，我要向为本书的出版付出辛勤劳动的所有人员表示衷心的感谢。特别感谢以下三位人士。首先，感谢出版代理商利平科特·马西·麦奎尔金的伊桑·巴斯奥夫给我提供宝贵的机会，把这本书交给了纽约出版商。其次，感谢牛津大学出版社的安吉拉·赤阿扑寇在编辑和出版过程的每个阶段都给予我支持、鼓励和极大的帮助。最后，感谢布莱克·埃斯金义无反顾地担任本书的编辑，并全身心地投入这个项目中，使我有机会亲身感受最具教育意义的写作体验。

最后，也是最重要的，我要衷心感谢我亲爱的家人：我伟大的父母，我最好的朋友、知己、最激烈的批评者、搭档——我的妻子阿里尔，还有我们的小儿子沃尔特。